亲子食育小课堂

食物的小秘密

刘　璐◎主编

吉林科学技术出版社

图书在版编目（CIP）数据

亲子食育小课堂．食物的小秘密 / 刘璐主编．-- 长春：吉林科学技术出版社，2023.10
ISBN 978-7-5744-0871-5

Ⅰ．①亲… Ⅱ．①刘… Ⅲ．①饮食－文化－中国－儿童读物 Ⅳ．① TS971.202-49

中国国家版本馆 CIP 数据核字（2023）第 182684 号

食物的小秘密 SHIWU DE XIAO MIMI

主　　编　刘　璐
策 划 人　于　强
出 版 人　宛　霞
策划编辑　穆思蒙　张　超
责任编辑　王聪会
内文制作　斯塔熊
幅面尺寸　226 mm × 240 mm
开　　本　12
字　　数　45 千字
印　　张　3.5
印　　数　1- 6 000 册
版　　次　2023 年 11 月第 1 版
印　　次　2023 年 11 月第 1 次印刷
出　　版　吉林科学技术出版社
发　　行　吉林科学技术出版社
地　　址　长春市福祉大路 5788 号出版大厦 A 座
邮　　编　130118

发行部电话 / 传真　0431-81629529　81629530　81629531
81629532　81629533　81629534
储运部电话　0431-86059116
编辑部电话　0431-81629517
印　　刷　长春新华印刷集团有限公司
书　　号　ISBN 978-7-5744-0871-5
定　　价　98.00 元（全四册）

写给小朋友的话

亲爱的小朋友，欢迎来到食物王国！

说起食物，我们再熟悉不过啦！古代圣贤曾经说：“民以食为天。”意思是：百姓安居乐业的首要条件是吃饭。而今，我们几乎处处都可以见到食物的身影——餐桌上，摆放着家人为你精心准备好的一日三餐；超市里，琳琅满目的零食让你爱不释手；果园里，鲜嫩多汁的水果令你垂涎欲滴；……

现在，我要问问你：你知道食物有哪些小秘密吗？食物除了能让我们填饱肚子，还有哪些“超能力”呢？食物味道为什么各不相同呢？我们到底为什么要吃东西呀？

请你好好想一想，你能想到答案吗？

不知道也没关系，我来告诉你该怎么做——打开摆在你面前的这套书，这些答案，我们会在书里一一为你展现，相信你一定会恍然大悟：哇！原来是这样！真的好有趣啊！

还在等什么？现在立刻动动小手翻开它吧！

目录

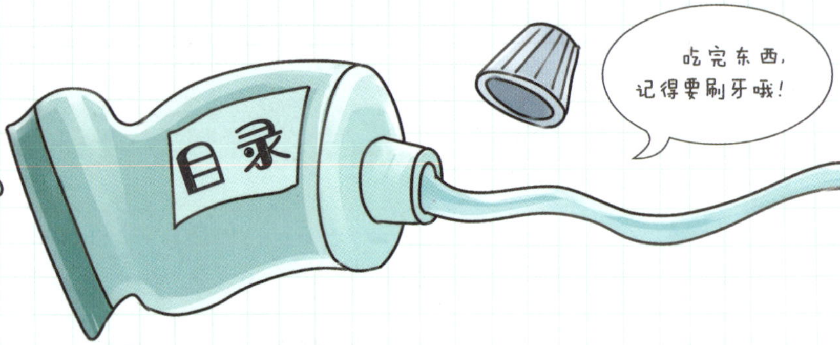

6 生活和健康

20 科学魔法箱

茶

我们为什么要吃各种各样的食物

食物，是我们人类的生命之源，是连接人类与自然的最好桥梁。我们每天都要吃三顿饭——早饭、午饭和晚饭。这样，我们才能有力气，有精神，长个子。那么，你有没有想过，我们为什么每天要吃各种各样的食物呢？因为每种食物都有它独有的营养特点。

蔬菜与水果类

蔬菜是人们日常饮食中必不可少的食物之一，担负着为人体提供多种必需维生素和矿物质等营养物质的重任。据统计，人体所需的60%的维生素A、90%的维生素C都来自蔬菜。蔬菜中含有丰富的植物化学物质，如类胡萝卜素、花青素等，对人体健康非常有益。

水果是可以吃的含水分较多的植物果实的统称，在人体营养中起着非常重要的作用。

禽畜肉类、蛋类

常见的禽肉类食物包括鸡肉、鸭肉、鹅肉等；畜肉类食物有猪肉、牛肉和羊肉。蛋类营养丰富，常见的蛋类为鸡蛋、鸭蛋、鹅蛋和鹌鹑蛋，其中，食用最为普遍的是鸡蛋。

坚果类

坚果有一层坚硬的外壳，里面包裹着可以食用的植物种子，营养非常丰富，像杏仁、板栗、核桃、腰果、榛子等，都属于坚果。

谷类

谷类包括小麦、稻米、玉米、小米、高粱等，其中以小麦和稻米为主。

小麦

馒头是我们的传统主食，是用面粉做成的。面粉是用小麦粒磨成的粉状物。一颗小麦粒由两瓣果实组成，中间的划分线叫作腹沟，两边的果实叫作果颊。熟透的麦粒黄澄澄的，有着微微的蜡质光泽，很饱满，捏起来硬硬的。

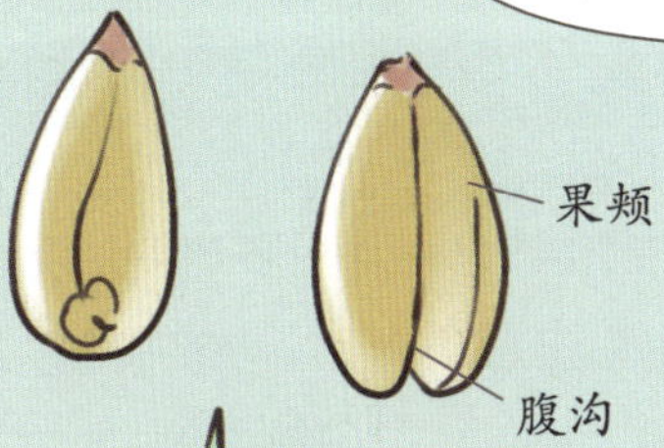

稻米

稻米，又叫大米。大米饭和馒头一样，也是人们餐桌上的常见主食。大米是由稻谷脱壳后得到的，含有丰富的碳水化合物和磷、钾等微量元素。

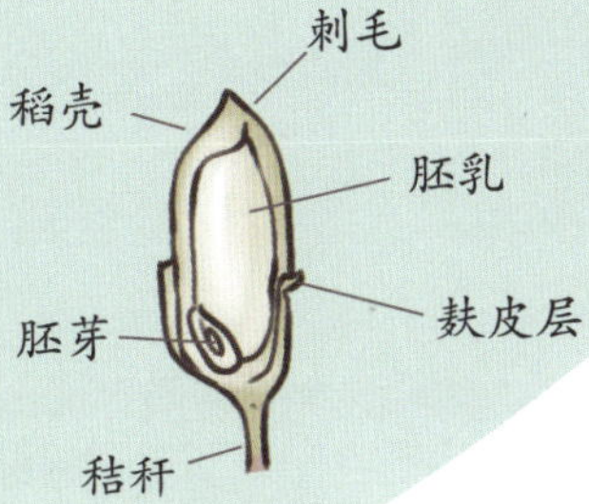

水产类

水产类是湖泊、海洋、江河里出产的动物或藻类的统称，各种鱼、虾、蟹、贝类、紫菜、海芽菜、海带等都属于水产类。

饮品类

一般来说，人们习惯将不经过咀嚼，可直接饮用的食品统称为饮品。饮品的品种很多，水、牛奶、茶、果汁、咖啡、豆浆都属于饮品。

食物金字塔

亲爱的小朋友，你听说过金字塔吗？我们这里说的“金字塔”，可不是埃及的金字塔，而是“食物金字塔”。

食物金字塔包含了所有食物。摄取丰富多样的食物对我们来说十分重要。但需要注意的是，每种食物的摄取量和摄取次数并不相同。

越到食物金字塔的顶端，所需要食物的摄取量和次数就越少。

扫码领取

- 动画科普课堂
- 食物探究实验
- 蔬菜观察日记

蔬菜、水果是《中国居民膳食指南（2022）》中鼓励多摄入的两类食物。

《中国居民膳食指南（2022）》中总结出了平衡膳食八条准则：

1. 食物多样，合理搭配；2. 吃动平衡，健康体重；3. 多吃蔬果、奶类、全谷、大豆；4. 适量吃鱼、禽、蛋、瘦肉；5. 少盐少油，控糖限酒；6. 规律进餐，足量饮水；7. 会烹会选，会看标签；8. 公筷分餐，杜绝浪费。

食物让你“变形”了

食物就像魔术师的魔法棒一样，它有一种神奇的功能，那就是让你“变形”。这听起来是不是有些不可思议？其实很容易理解。如果我们大量食用高热量、低营养的加工食品、方便食品和不健康食品，如果我们的三餐极不规律，那么长此以往，我们的身体也会面临前所未有的挑战！

当我们缺乏营养素的时候，身体就会在不经意间发出种种缺乏营养的信号，告诫我们要迅速找出应对的办法。

信号 1：头发干燥、变细、易断，脱发

可能缺乏的营养素：蛋白质、必需脂肪酸、锌。

改善对策：确保每天摄入足够的主食，以及动物性食物 120～200 克，一个鸡蛋，300～500 克奶及奶制品来补充优质蛋白质；每周摄入 2～3 次海鱼，也可多摄取些牡蛎，因为牡蛎中含有丰富的锌元素。

信号 2：夜晚视力降低

可能缺乏的营养素：维生素 A。

改善对策：增加胡萝卜和猪肝等食物的摄入。用植物油烹炒胡萝卜比生吃胡萝卜更能提高维生素 A 的吸收率。此外，由于猪肝含有较高的饱和脂肪酸和胆固醇，所以每周吃 1～2 次，每次不超过 100 克即可。

信号 3：舌炎、舌裂、舌水肿

可能缺乏的营养素：B 族维生素。

改善对策：主食粗细粮搭配、配菜荤素搭配。如果有吃素的习惯，应注意多进食豆类制品和蛋类，并且可以适量补充复合 B 族维生素制剂。

扫码领取
- 动画科普课堂
- 食物探究实验
- 蔬菜观察日记

信号 4：牙龈出血

可能缺乏的营养素：维生素 C。
改善对策：每天最好能摄入 500 克左右的蔬菜和 2～3 个水果。其中，蔬菜的最佳烹调方法就是凉拌，凉拌可以最大程度保留营养。富含维生素 C 的水果包括冬枣、柑橘、草莓、柚子、猕猴桃等；富含维生素 C 的蔬菜包括豌豆苗、西蓝花、油菜、青椒等。

信号 5：食欲下降

可能缺乏的营养素：锌。
改善对策：一般贝壳类食物含有丰富的锌，如牡蛎、扇贝等，适量地摄入贝壳类食物，可以有效帮助人体补充锌元素。每天食用 1 个鸡蛋、150 克瘦肉和 50 克豆类，可保证身体对锌的需求量。

信号 6：嘴角干裂

可能缺乏的营养素：B 族维生素和烟酸。
改善对策：在动物肝脏、鸡蛋黄、奶类中，B 族维生素含量较为丰富。因此，每周应补充 1 次（100～150 克）猪肝、每天应补充 250 毫升牛奶和一个鸡蛋，主食应注意粗细粮搭配。烟酸主要来自动物性食物，尤其是在猪肝、鸡肝中的含量较高。

食物疯狂大事记

中国：满汉全席

满汉全席指的是融合了满族和汉族菜品精华的大餐，堪称最奢华的盛宴，全部菜品加起来有108种之多。有迎合满族人口味的以涮、煮、烧等为主要烹调特点的满席菜品，也有兼备扒、炒、炸等迎合汉族烹调特色的汉式菜品。

墨西哥：水果蘸辣椒

无辣不欢的墨西哥人，甚至在吃水果的时候也会蘸上一层辣椒粉。在墨西哥，经常能看见小贩将削了皮的杧果、甜橙等水果，裹上一层红红的辣椒粉沿街叫卖，生意非常火爆。

法国：天天吃奶酪

法国有“奶酪之乡”的美名。奶酪是法国餐桌上必备的食物，消耗量居世界首位。目前法国已经有500多种奶酪，就算天天吃，一年之内也不会重样。

德国：著名的“香肠王国”

据说德国香肠的种类多达1500种。在德国的每一个区域，都有风味不同的香肠，比如味道浓重的法兰克福香肠，尺寸较小的纽伦堡香肠，加了百里香、丁香等调味品的黑香肠等。

加拿大：爱吃冷饭

加拿大人习惯吃冷食，尤其是晚餐。家里来客人时，一般是主人事先将各色菜肴烧好，用碗、盘等器皿盛装之后，依次将各色菜肴摆在厨房内的餐桌台上，待客人到齐后，供客人们享用。因为菜肴烧得比较早，等到用餐之时，菜肴早已成了凉菜，所以加拿大人称之为“冷餐宴会”。

美国：吃整只火鸡

火鸡在美国是个重要的“角色”。每逢美国人的重大节日——感恩节，人们都要吃火鸡，这已经成了欢度感恩节的仪式。美国人在火鸡腹内装填各种材料后，将整只火鸡放入烤箱内烤，再整只装盘上桌，以此象征全家团团圆圆。

斐济：鱼价昂贵

斐济是一个位于南太平洋中心的岛国。斐济人出海时，只会捕当天要吃的鱼，绝对不会捕超过自己需求量的鱼。他们只有在需要金钱时，才会将鱼卖给外人，因为斐济人认为海洋里的所有生物都是大自然赐予人类最珍贵的礼物，所以格外珍惜。因此，斐济虽然是个四周环水的岛国，但是鱼价却比其他农产品的价格要高很多。

英国：一天至少要喝四顿茶

英国人每天至少要喝四顿茶。他们在起床后，习惯喝一杯以红茶为主的“早餐茶”；11点左右再喝一杯“中午茶”来缓解工作带来的紧张感；午餐后会喝一杯以奶茶为主的下午茶；晚餐后，全家会聚在客厅，一边喝茶，一边谈心。

厨艺“封神榜”

伊尹

伊尹是一个名厨兼政治家，商朝的开国元勋。他创立的“五味调和说”与“火候论”，至今仍是中国烹饪界不变的规矩。伊尹被中国烹饪界尊为“厨圣”。

易牙

易牙是春秋时期一位著名的厨师，他对味道有着惊人的鉴别力。孔子曾经说，即使将淄水、渑水两条河中的水混合在一起，易牙也能够分辨出来，可见易牙对味觉的敏感度。易牙的高超厨技，连孔子都倍加赞赏。易牙能通过对水、咸（盐）、火的调和使用，做出咸淡合宜，美味适口的饭菜。

诸葛亮

据史书记载，诸葛亮南征孟获之时，改变了当时南方少数民族以人头祭祀的恶习。他主张把面捏成人头形状，里面塞入牛羊肉来代替人头，并把这种面食称作“蛮首”。后来，诸葛亮制作的这种面食被慢慢推广开来，就成了今天的“馒头”。诸葛亮也被奉为中国面点业的“祖师爷”。

苏东坡

世人眼中的苏东坡，不仅是罕见的文学巨匠，更是谨慎、廉明的官员，是光明磊落的士人，潇潇洒洒的才子，乐观向上的百姓，而苏东坡还有另一个更重要的身份——美食家。

东坡肘子

相传，苏东坡的妻子王弗在家炖肘子时，因为一时疏忽，肘子被烧得焦黄，还粘了锅，她连忙加进各种调料，想再细细烹煮，以掩饰焦味，不料，味道却出乎意料的好。苏东坡向亲友大力推广，于是，“东坡肘子”得以流传。

东坡鱼

苏东坡酷爱吃鱼，他被贬到杭州期间，以西湖鲤鱼为原料，采用与众不同的方式，烹制了这道东坡鱼。

东坡豆腐

苏东坡被贬到江苏镇江时，与金山寺里的佛印和尚讲经论文。他们打赌，输的人烧菜给对方吃，结果苏东坡落败，只得下厨做菜给佛印吃。和尚不能吃荤，当时厨房有块豆腐，苏东坡便烧出了这道东坡豆腐。

东坡肉

苏东坡在杭州任职之时，太湖泛滥，他组织百姓疏浚西湖，筑堤建桥。过年时，杭州百姓抬猪担酒来给他拜年。苏东坡指点家人将肉切成方块，烧好后分送给参加疏浚西湖的百姓吃。从此，大家便把这种红烧肉称为“东坡肉”。

二十四节气与食物

中国古代把从冬至开始的一个回归年分成 24 段，每到一个分段点就叫一个节气，总称二十四节气。二十四节气起源于先秦时期的黄河流域，它能具体反映这一带的农耕活动与气候的关系。人们还会依据传统的二十四节气来安排自己的饮食。二十四节气对应的传统食物都有哪些呢？我们一起来了解一下吧！

立春 2月 4日或5日

吃春饼

人们用面粉制作成的面团烙成一张张薄饼，将薄饼和各种小菜放在盘子里，就拼成了“春盘”。后来，人们干脆把各种小菜卷进薄饼里，称其为“春饼”。

惊蛰 3月 5日或6日

吃梨

在苏北和山西一带，好多人家在惊蛰这一天会吃梨。“梨”和“离”同音，据说当天吃梨可以让虫害远离庄稼。

春分 3月 20日或21日

吃春菜

春分时节有吃春菜的习俗。各地的春菜不一样，有些地区的春菜是一种名叫“马齿苋”的野菜，将它简单处理后，与鱼片一起“滚汤”，做成一锅鲜香的“春汤”。有些地区的春菜是荠菜，他们会用荠菜来包一顿香喷喷的荠菜饺子。

谷雨 4月 20日或21日

吃香椿

在北方，谷雨前后的香椿长得最盛。香椿叶肥肥嫩嫩，这时的香椿醇香爽口，而且非常有营养，有“雨前香椿嫩如丝”的说法。

立夏

5月

5日或6日

吃乌米饭

杭州有一种“乌饭叶”，人们用这种叶子浸出汁液后拿来蒸米饭，香喷喷的乌米饭就做成了。据说，在立夏当天吃上这样一碗乌米饭就不会在夏天中暑，连蚊虫都不会叮咬呢！

夏至

6月

21日或22日

吃过水面

俗语说“冬至饺子夏至面”，很多地方都有在夏至这天吃面的习俗。夏至面也叫“过水面”，把煮熟后的面条在凉水里浸泡一下，捞出，然后浇上美味的卤汁，甚是美味。

小暑

7月

7日或8日

吃杧果

台湾地区台南一带广泛种植莲田，小暑期间，莲花绽放，莲子丰收，人们会举办一场盛大的莲花节。此时正是杧果的成熟期，因此这里又有在小暑这天吃杧果的习俗。

立秋

8月

7日或8日

贴秋膘

夏季气候炎热，人们食欲不佳。秋风一起，天气转凉，人们习惯在立秋这天吃点儿炖肉、烤肉、红烧肉等肉类食物，这就是“贴秋膘”。

处暑 8月 23日或24日

吃老鸭

处暑时节，清热润燥的食物是人们的首选，比如味甘性凉的老鸭。鸭子的做法多种多样：白切鸭、荷叶鸭、烤鸭、柠檬鸭等都是著名的菜品。

秋分 9月 23日或24日

吃秋菜，喝秋汤

秋菜是一种鲜嫩的野苋菜。在秋分这天，广东省开平一带的人们会去田野里采摘秋菜，将它与鱼片放入锅中“滚汤”，这就是“秋汤”。

立冬 11月 7日或8日

补冬

在这个时节，人们会吃一些营养滋补的食物，即“补冬”。例如，天津人喜欢吃南瓜，山东滕州人喜欢喝羊肉汤，福建人喜欢吃姜母鸭等。

小雪 11月 22日或23日

吃小雪腌菜

在小雪时节，江苏扬州人喜欢把雪里蕻、大青菜、胡萝卜放进缸里腌起来，过一段时间，一道爽口开胃的小菜就制成了。因此，就有了“小雪腌菜”的说法。

大雪 12月 7日或8日

喝红薯粥

在东营、滨州、淄博等鲁北地区，人们会在大雪这天喝上一碗热气腾腾的红薯粥。

冬至 12月 21日或22日

吃饺子

人们会在冬至这天吃饺子。据说，吃了冬至的饺子，就不会在冬天冻伤耳朵。

小寒 1月 5日或6日

吃糯米饭

在小寒当天的早上，广州人会把糯米、香米和炒熟的腊肉、腊肠、花生米、碎葱白放在一起，做成一碗香香软软的糯米饭，寓意从年头到年尾都暖乎乎。

扫码领取
- 动画科普课堂
- 食物探究实验
- 蔬菜观察日记

大寒 1月 20日或21日

吃炸春卷

大寒时节，安徽安庆一带的人们喜欢做炸春卷。春卷就是用面皮包着各种菜肴，经过油炸制成的，咬上一口，酥香可口。

黄瓜是绿色的，为什么不叫绿瓜

它的故事

1 黄瓜本不是中国的原生植物，而是西汉时期张骞出使西域，从别的地方带回来的。

2 当时，汉朝以外其他地方的外族人都被叫作“胡人”，这种引进来的瓜自然就被称为“胡瓜”。

3 到了公元4世纪，后赵的皇帝石勒就是胡人，当他在中原地区建立国家之后，觉得被称呼为“胡人”有贬低之意，所以就制定严格的法律禁止全国出现“胡”字。

4 有一天，一位名叫樊坦的官员前来拜见石勒。石勒发现他穿着褴褛，于是询问他：“你怎么衣冠不整就来拜见？”

5 樊坦只好如实禀告，他在路上遭到了胡人抢劫。刚说完，他马上意识到自己犯了禁令，急忙请罪。石勒见他知罪也就不再追责。

6 用膳时，石勒故意让人端上来一盘胡瓜，问樊坦：“这是什么？”樊坦立刻反应过来，灵机一动回答说：“这是‘黄瓜’”。此后，“胡瓜”就被称作“黄瓜”，一直沿用到了今天。

营养揭秘

黄瓜的含水量高达98%，还富含丰富的维生素、矿物质。黄瓜生吃不但味道清爽可口，而且还能够最大化保留营养物质，可作为健康的零食食用。

味道微苦的黄瓜花蒂。

黄瓜全身都是微孔，生长过程中呼吸和蒸发量非常大，为了避免叶子贴身阻碍呼吸，因此会生出很多小刺支开异物。

扫码领取

- 动画科普课堂
- 食物探究实验
- 蔬菜观察日记

常见误区

黄瓜能美颜抗衰老吗？

黄瓜的水分较多，所以爱美人士认为它可以给皮肤补充水分，会有美容效果。其实不然，黄瓜敷脸可以短暂保湿，但是这种水分很快会随着空气的流通被蒸发掉，并不会有什么美容效果。

黄瓜炒鸡蛋

鸡蛋含有丰富的蛋白质、微量元素和维生素，可以促进体内抗体的合成，增强身体的免疫力。和黄瓜一起食用，可以促进蛋白质吸收，减少消化不良的风险。

我来试试

①黄瓜洗净，切成薄片。

②鸡蛋打到碗里并搅散。

③锅烧热放油，将鸡蛋液倒入锅中，用锅铲快速翻炒。

④放入黄瓜片继续翻炒。

⑤放入少许盐、胡椒粉，出锅。

为什么菜豆不煮熟会有毒

菜豆，俗称豆角，又被称为四季豆、扁豆。豆荚的颜色是饱满的翠绿色，豆粒呈青白色或红棕色，有光泽，鲜嫩清香，可以清炒食用，也可以与肉类同炖。但需要特别注意的是，如果烹调不当，会引起食物中毒。

中毒？是的，你没有听错。生菜豆中含有皂苷和血凝素这两种有毒物质。如果没有煮熟就食用，会使人出现呼吸困难、心悸胸闷，以及肝肾损害现象。

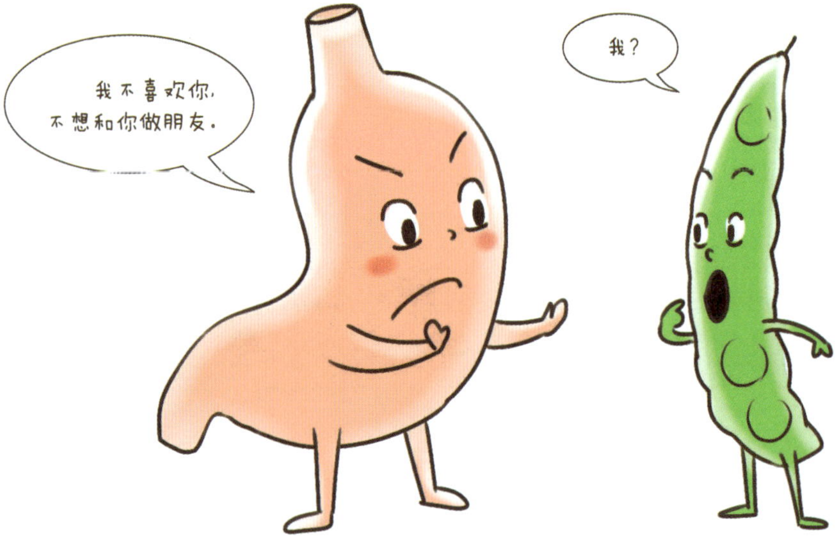

菜豆的中毒症状

通常会在食用后的 1 ～ 5 小时内出现症状，主要症状表现为恶心、呕吐、腹痛、腹泻、头晕，少数菜豆中毒患者会同时伴有胸闷、心慌、出冷汗、四肢麻木、手脚发凉和畏寒等症状。

想要“打败”毒物一点儿也不难，因为它们的缺点就是不耐高温，所以只要充分地加热就可以将它们破坏掉。因此，为了避免食物中毒，在烹饪菜豆时，要彻底加热煮熟后，再进行食用。

扫码领取

- 动画科普课堂
- 食物探究实验
- 蔬菜观察日记

营养揭秘

菜豆是一种难得的高钾、高镁、低钠的蔬菜，尤其适合心脏病、动脉硬化、高血压患者食用。

我来试试

烹饪小技巧

烹饪菜豆时，如果熟透了，豆荚会由支挺变为蔫弱，颜色会由鲜绿变为暗绿，吃起来没有豆腥味。

①去除菜豆两侧的筋。

②菜豆洗净，切成段。

③把锅烧热，倒入食用油，油热后放入菜豆段。

④将菜豆段炸至皮皱，用漏勺捞出，沥干油分。

⑤撒上花椒粉、盐，拌匀即可。

椒盐菜豆

种土豆时，要种下整个土豆吗

土豆又称马铃薯，是仅次于玉米、小麦、水稻的第四大粮食作物。其含有丰富的淀粉，常用来炒、炖、涮火锅，也可烤食或蒸食。你知道怎样种土豆吗？是把土豆整个种下去吗？当然不是。

1 种植土豆的时候，首先要选取优质的土豆品种，然后用刀切成四块，用少量的炭灰或者沙土涂抹在切口上，放在干燥的地方晾晒2～3天，加强空气的流通性。

2 将选好的土豆块分别放入半湿的沙土中，每天进行松土处理，再放在阳光充足的环境下催芽。要及时地清除周边的杂草，每天浇少量的水，大概2周左右土豆表面就会有芽根出现。

3 将土豆种苗放在土壤中，上面用少量的薄土覆盖，保持每株的间距在25厘米左右，及时浇水，再施加少量的有机肥溶液，切记不能施肥过多。要保证每天浇1次水，每天有充分的光照时间，土豆就会慢慢长出来了。

营养揭秘

土豆作为四大主粮之一，在膳食中应该承担主食的角色，因为它富含丰富的碳水化合物，所以很多小朋友在膳食结构中把它当菜来吃，就大错特错了。

烹饪小技巧

发芽和发青的土豆中含有龙葵素，食用之后会导致中毒，所以遇见土豆上有少量的发芽、发青，可以将发芽、发青的部分深挖丢弃；如果发芽非常严重，就应该直接丢掉。

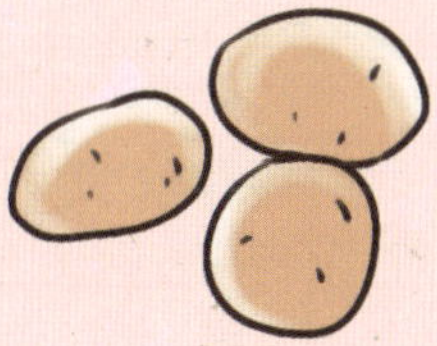

我来试试

①土豆削皮，切成丝。

②土豆丝放入清水中浸泡片刻后捞出，沥干水分。

③锅烧热放油，将土豆丝放入锅中，用锅铲快速翻炒。

④放入白醋、盐。

⑤再炒一分钟即可出锅。

醋熘土豆丝

菠菜真的能让我们变成“大力水手”吗

在动画片《大力水手》中，吃完菠菜的水手会变成大力士，这是真的吗？

菠菜又称红根菜、鹦鹉菜，根、茎、叶皆可食用。菠菜叶尤其柔嫩多汁，营养丰富，味道鲜美。

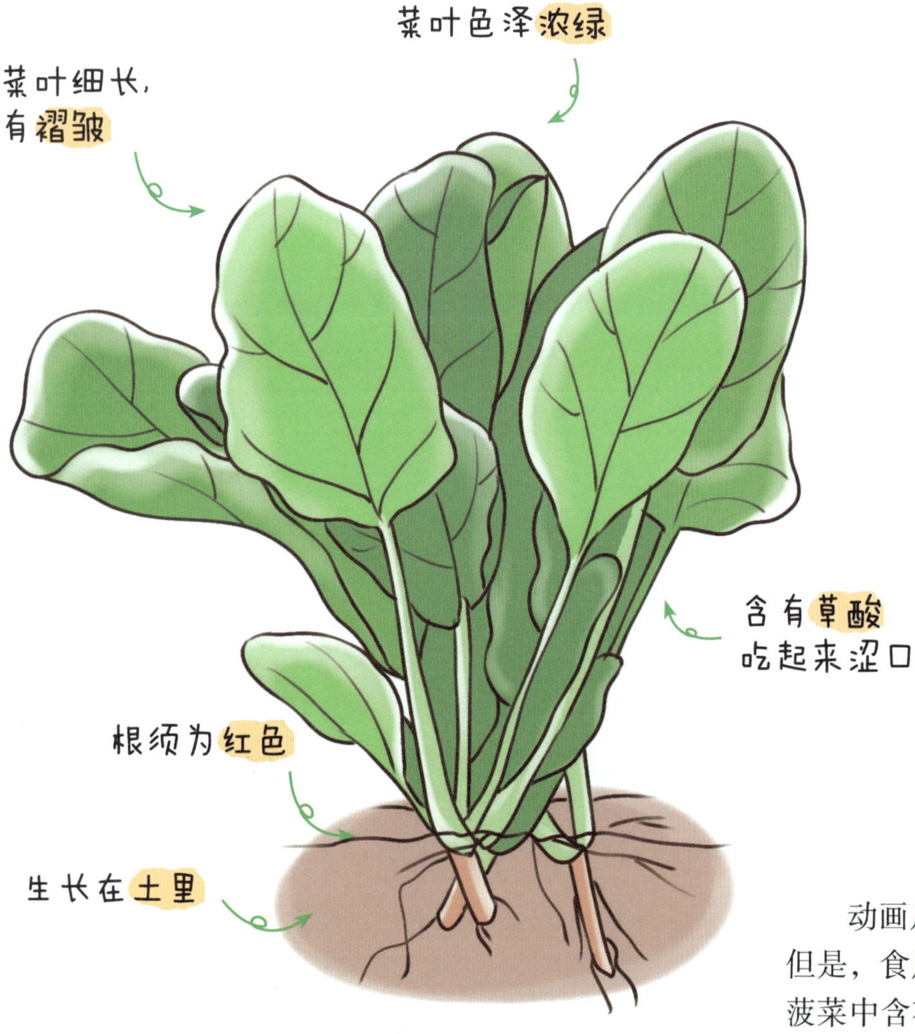

菠菜可润肠通便，促进毒素排出。它还含有丰富的B族维生素，能促进体内脂肪与蛋白质的代谢，增强人体的免疫力，加强抗病毒能力。此外，菠菜还能促进人体的新陈代谢，促进血液循环。

动画片中，吃完菠菜就可以变成大力士虽然有些夸张，但是，食用菠菜确实能对身体生长发育起到很好的作用。菠菜中含有丰富的铁元素，能帮助小朋友快快长高。如果你想像大力水手一样强壮，那就适当多吃些菠菜吧！

- 动画科普课堂
- 食物探究实验
- 蔬菜观察日记

扫码领取

营养揭秘

菠菜的主要营养素有膳食纤维、钙、磷、铁、维生素 A、B 族维生素、维生素 C 等。

我来试试

烹饪小技巧

去除菠菜中草酸的方法很简单，只需在烹饪前将菠菜焯一下即可。

①菠菜洗净，切成段。

②烧一锅开水，放入菠菜。

③菠菜在开水中烫半分钟，捞起并沥干水分。

④锅烧热放油，放入切碎的大蒜和菠菜段。

⑤快速翻炒，放少许盐调味即可出锅。

蒜蓉菠菜

西红柿、番茄傻傻分不清楚

你知道西红柿和番茄的区别吗？

答案就是：没有区别！

西红柿又称番茄、洋柿子，果实呈扁球形或球形，颜色为鲜红色或橘黄色，肉质肥厚多汁，口味甘甜，可生食、煮食，也可制成番茄酱、番茄汁。西红柿作为一种深受大众喜爱的蔬菜，已被证明富含多种维生素和营养成分，对人体健康极为有益。

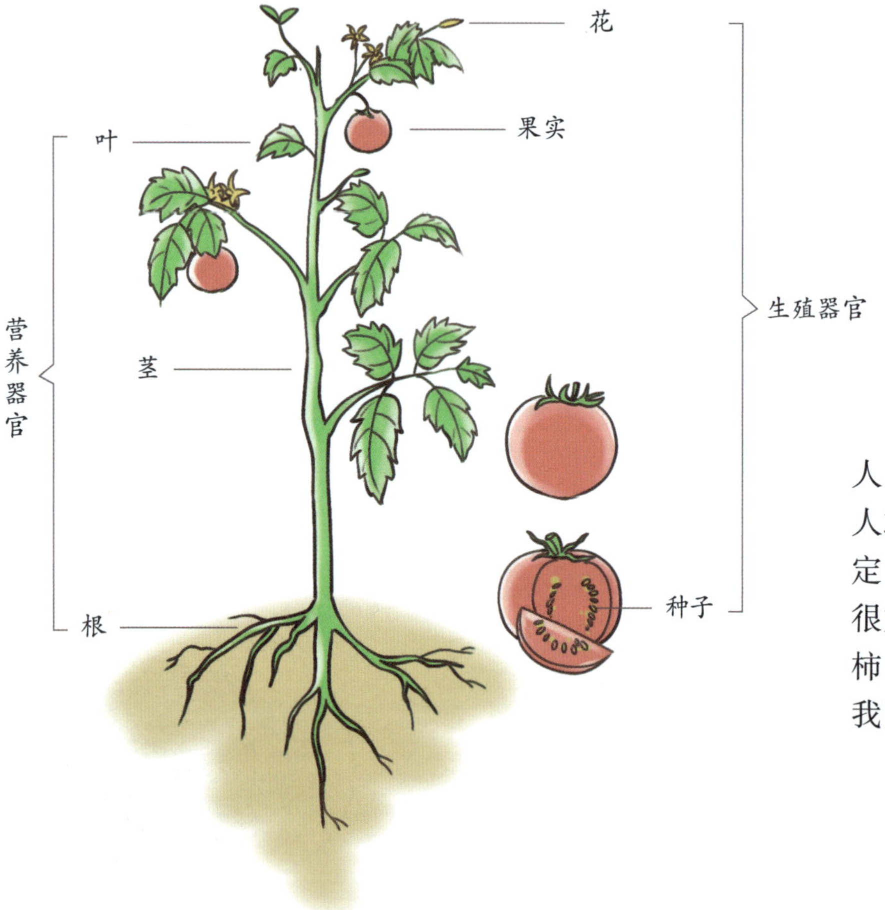

西红柿最早生长在南美洲西部的密林里，当地人叫它“狼桃”，是一种“禁品”，据说没有一个人敢碰它。进入18世纪后，德国一位勇敢的画家决定冒死品尝“狼桃”之味道，吃下一口，又酸又甜很好吃，而且并没有中毒。后来人们才发现，西红柿的营养十分丰富，便开始普遍栽培。西红柿传入我国也只有百年多的历史。

人们通常将西红柿划分到蔬菜类，因为西红柿的含糖量比大多数水果都低，并且蔬菜可以是任何植物或者植物的任何部分。西红柿实际上是浆果的一种，也是今天地球上数百种常见水果中的一员。

营养揭秘

西红柿中含有番茄红素这一种天然色素，是一种超强的抗氧化剂，可以有效地防止因衰老、免疫力下降而引起的各种疾病。

扫码领取
动画科普课堂
食物探究实验
蔬菜观察日记

我来试试

①西红柿洗净，去皮，切成块。

②鸡蛋打到碗里搅散。

③锅烧热放油，将鸡蛋液倒入锅中，用锅铲快速翻炒。

④放入西红柿块继续翻炒。

⑤放入少许盐、白糖，盛入盘中即可。

西红柿炒鸡蛋

烹饪小技巧

在西红柿上面切一个“十”字花刀，放入开水中烫一下，烫破皮以后，稍微晾凉一点，就可以很轻松地把西红柿的外皮揭掉，吃起来口感会好很多。

不含蔗糖一定等于“无糖”吗

走进超市，你会发现有很多标着 “无糖” 二字的食物, 比如无糖饼干、无糖饮料等。所谓不含糖食品，根据国家规定：100克或者100毫升的食品中，含糖量小于0.5克的，即为“无糖食品” 。这里的糖是指蔗糖、麦芽糖、果糖、葡萄糖等糖类的总含量。

很多宣称无糖的食品包装上显示的是“不含蔗糖”，或者是“不添加蔗糖”，仅仅是不含蔗糖。那么，含不含其他的糖类呢？其实，这些所谓的无糖食品很可能只是没有添加蔗糖而已，但实际上，可能添加了麦芽糖、果糖等其他糖类。

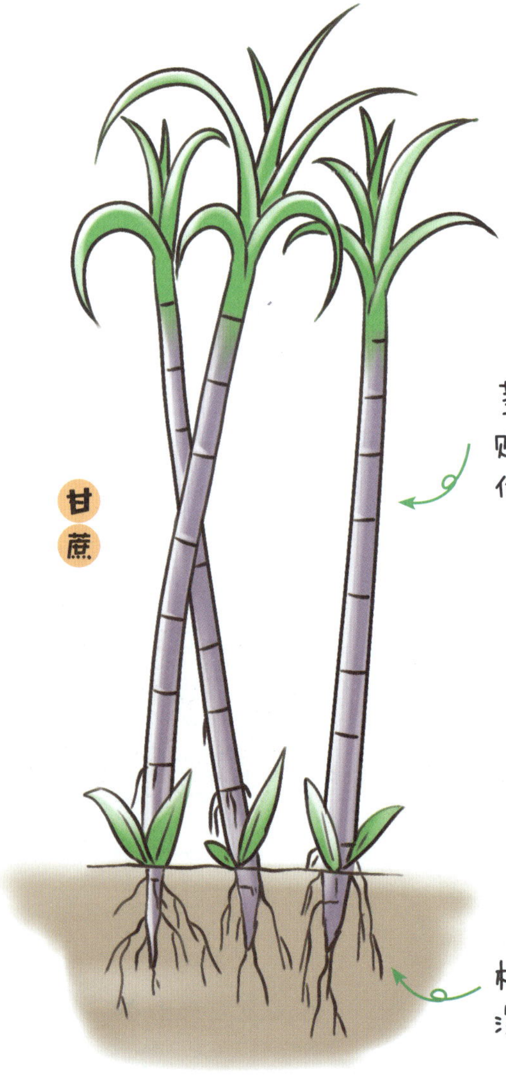

扫码领取
动画科普课堂
食物探究实验
蔬菜观察日记

甘蔗和甜菜是制糖的两大“功臣”，它们是制造红糖、白糖和冰糖的主要原料。

用糖制作的传统美食

冰糖葫芦

南宋光宗的贵妃患了不思饮食的怪病，服用了很多贵重的药物却仍不见效，只好张榜招医。一位江湖郎中给了个偏方：将山楂与红糖一起煎熬，每顿饭前吃 5 ~ 10 枚，半个月就会见效。贵妃照方服用，果然痊愈。后来，这酸脆香甜的山楂糖传到民间，就演变成了今天的冰糖葫芦。

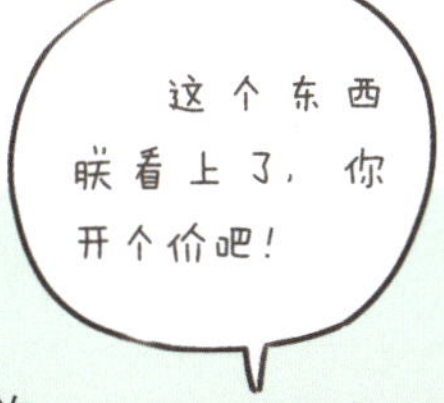

龙须糖

传说明朝正德皇帝游历民间之时，发现了一种糖，吃起来酥脆香甜，百姓称为“银丝糖”，正德皇帝下旨把银丝糖带回宫中，并赐名为“龙须糖”。

糖画

相传唐代诗人陈子昂在家乡四川时，喜欢吃黄糖，也就是蔗糖。他先将糖溶化，然后在桌面上绘制出动物、花卉的图案，等凝固后，拿在手上，一边赏玩一边吃。后来这件事情传入皇宫，皇帝让陈子昂给太子表演了糖画，并大加赞赏，糖画因此闻名。

梨膏糖

传说，梨膏糖是唐贞观年间的宰相魏徵发明的。他为了让患病的母亲服下味苦的草药，派人把药研成粉末，和梨汁、糖一起熬制成膏，给母亲服用，母亲很快就痊愈了。后来，人们相继仿制，将这种甜膏取名为“梨膏糖”。

今天能买零食吗

零花钱是爸爸妈妈为了让我们能买想买的东西，从自己赚的钱里拿出来给我们的。为了将来能合理支配自己的钱，我们从现在就要开始认真思考怎样安排自己的零花钱。

让我们试着分配自己的零用钱吧！

- 先确定自己每次有多少零用钱。
- 可以存下多少钱呢？
- 想实现梦想需要花多少钱？
- 每天还剩多少钱可以花？

当你想买一个特别贵的游戏机时，你会怎么做？

- 成为中学生之前，先忍耐吧。
- 自己的钱，想怎么用就怎么用，所以我一定要买。
- 要和妈妈进行沟通。
- 偷偷买。
- 先买一个便宜的用着吧。

做出选择之后，接下来会这样想：

- 是啊，等上了中学，也许就会出现性能更好的游戏机。
- 虽然可以自己支配零花钱，但是这个游戏机对小孩子来说确实太贵了。
- 沟通交流确实很重要。
- 如果偷偷买的话，可以瞒过爸爸妈妈吗？
- 这也是一个办法呢！

除此之外，你还会怎么做呢？试着想一想吧！

我是小小分配师

今天是奶奶的生日，家里的亲戚全都来为奶奶庆祝了。妈妈想请你帮忙准备一些食物和饮品，但是价格要控制在 200 元以内，你该怎么做呢？

购买要求

- 食物和饮品的金额控制在200元以内。
- 选择大家都喜欢的。
- 把选购商品的理由写出来。

薯片：9.5 元

袋装仙贝：15.8 元

果汁：12 元

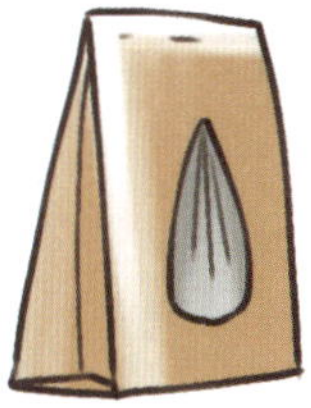

袋装瓜子：13.8 元

馒头：10 个 20 元

切块蛋糕：每种 25 元（有多种选择）

茶饮品：每瓶 20 元（6 ~ 8 人份）

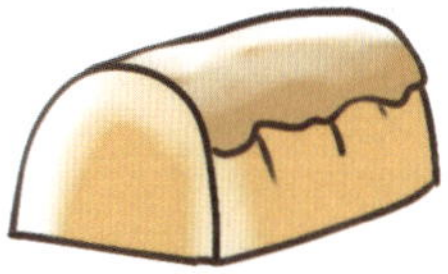

肉松面包：18 元

茶饮品：每瓶 8 元（1 人份）

如果喝家里的茶，0 元

选购的商品	选购的理由	价格

动手做美食

油菜炒虾仁

本道菜品富含维生素、膳食纤维、钙及优质蛋白，营养十分均衡。

材料

虾仁50克

油菜300克

葱末

姜片

调料

盐

油

1 把油菜洗净后切成段，用沸水焯一下，备用。

2 把虾仁洗净，除去虾线，然后用水浸泡片刻。

3 锅烧热放油，先放入葱末、姜片爆香，再放入虾仁，翻炒片刻后下入油菜段，加入盐，炒熟即可。

香蕉牛奶

香蕉富含铁、锌等矿物质，搭配牛奶食用可以补充营养，润肠通便。

扫码领取

- 动画科普课堂
- 食物探究实验
- 蔬菜观察日记

材料

牛奶300毫升

香蕉100克

调料

白糖

1 把香蕉去皮，切成圆片。

2 香蕉片放入搅拌机中，加入牛奶，搅拌均匀。

3 把香蕉牛奶倒入杯中即可。喜欢甜味的，可以加上适量白糖调味。

食物艺术家

将一颗颗黄豆排在一起，远看、近看，会有不同的感觉哦！用黄豆排列作画的原理同点彩画的原理一样，都是用细腻、缤纷的小点遍布作品，形成画作。下面这幅画就是法国著名画家乔治·修拉用基本的原色“点”，画在画纸上的。点彩画不同于其他画法，其是用颜色混合、涂抹的方式上色的。修拉使用的方式称为“点描法”。 他的画作风格与众不同，让我们一起靠近它，欣赏它吧！

鉴赏

画作描绘的是星期天的下午，游人们在巴黎附近的大碗岛上休息度假的情景。他们有的聚集在河滨的树林间休息，有的斜卧在草地上，还有的在河边垂钓……整幅画面呈现出宁静的气氛。

一起来玩“点点画”吧

扫码领取

- 动画科普课堂
- 食物探究实验
- 蔬菜观察日记

1 先用铅笔在图画纸上画出草稿。

2 将胶水挤在调色盘上。

3 用镊子夹取黄豆，在胶水中蘸一下。

4 将黄豆放在图画纸上，静静等待它变干吧！

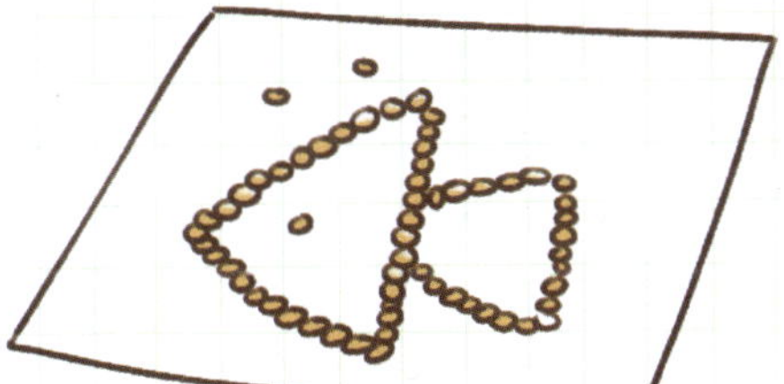

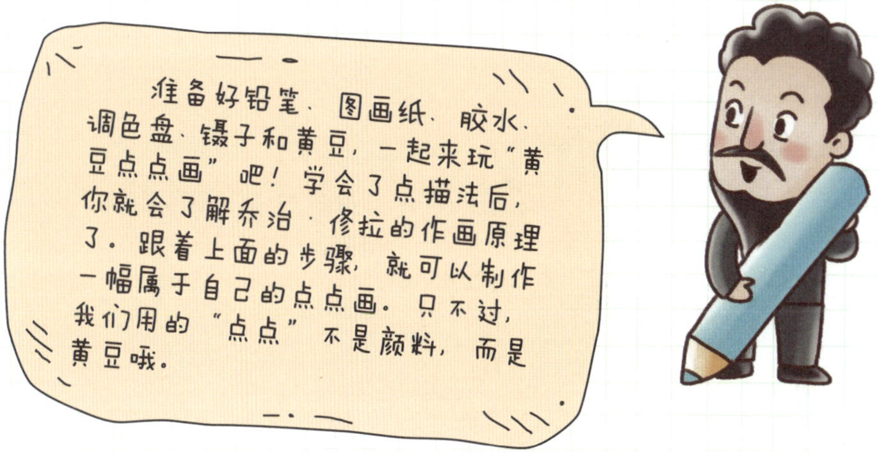

见此图标📷微信扫码
走 去食物科普实验室！

瓶子“吃鸡蛋”

如果我说：瓶子可以吃掉鸡蛋，你会相信吗？瓶口这么小，怎么会吃掉鸡蛋呢？

真的不可能吗？做完下面的实验你就知道答案了。

需要的物品

一个熟鸡蛋　一个玻璃瓶　一杯开水

现在就来做

1 把煮熟的鸡蛋剥去外壳，放在一边备用。

2 在瓶里倒一些开水，慢慢摇晃，让热水和瓶壁均匀地接触，然后将水倒出来。

3 迅速将鸡蛋放在瓶口。仔细观察，你发现了什么？

太神奇了！瓶子把鸡蛋“吃”到肚子里啦！

这是为什么？

瓶子里的空气本来是凉的，倒上开水后瓶子里的空气会变热。这时，我们把鸡蛋放在瓶口，热气就无法从瓶子里散发出来。当开水慢慢变凉以后，瓶子里的气压小于外界的气压时，鸡蛋就会被外面的空气压进瓶中。

葡萄干“跳舞”

你看过葡萄干“跳舞”吗？葡萄干没手没脚，怎么会“跳舞”呢？世界之大无奇不有。通过下面的实验你就明白了！

需要的物品

一只玻璃杯　　一瓶可乐　　一些葡萄干

现在就来做

1 把玻璃杯清洗干净，然后倒入半杯可乐。

2 将葡萄干放入玻璃杯中。仔细观察你所看到的现象。

太有趣了！葡萄干一会儿上一会儿下，好像在跳舞一样！

见此图标
微信扫码
走去食物科普实验室！

这是为什么？

可乐是碳酸饮料，含有丰富的二氧化碳小气泡。这些小气泡聚集在葡萄干周围，把它们从饮料底部带到表面。当小气泡破裂时，葡萄干会下沉，但是很快又会被新的小气泡托起来。就这样，它们不停地上上下下，看起来就像在跳舞一样。

扫一扫，让科学走出书本，走进生活>>>>

扫码玩转

厨房里的小实验

学1000次不如动手做1次

看动画

1分钟学会
1个食物小知识

做实验

10节课带你
探索食物的奥秘

写日记

观察记录蔬菜的生长变化

超能力食物

刘 璐◎主编

吉林科学技术出版社

图书在版编目（CIP）数据

亲子食育小课堂．超能力食物 / 刘璐主编．— 长春：吉林科学技术出版社，2023.10
ISBN 978-7-5744-0871-5

Ⅰ．①亲… Ⅱ．①刘… Ⅲ．①饮食－文化－中国－儿童读物 Ⅳ．① TS971.202-49

中国国家版本馆 CIP 数据核字（2023）第 182682 号

超能力食物 CHAONENGLI SHIWU

主　　编　刘　璐
策 划 人　于　强
出 版 人　宛　霞
策划编辑　穆思蒙　张　超
责任编辑　王聪会
内文制作　斯塔熊
幅面尺寸　226 mm × 240 mm
开　　本　12
字　　数　45 千字
印　　张　3.5
印　　数　1– 6 000 册
版　　次　2023 年 11 月第 1 版
印　　次　2023 年 11 月第 1 次印刷
出　　版　吉林科学技术出版社
发　　行　吉林科学技术出版社
地　　址　长春市福祉大路 5788 号出版大厦 A 座
邮　　编　130118

发行部电话 / 传真　0431–81629529　81629530　81629531
　　　　　　　　　81629532　81629533　81629534
储运部电话　0431–86059116
编辑部电话　0431–81629517
印　　刷　长春新华印刷集团有限公司
书　　号　ISBN 978-7-5744-0871-5
定　　价　98.00 元（全四册）

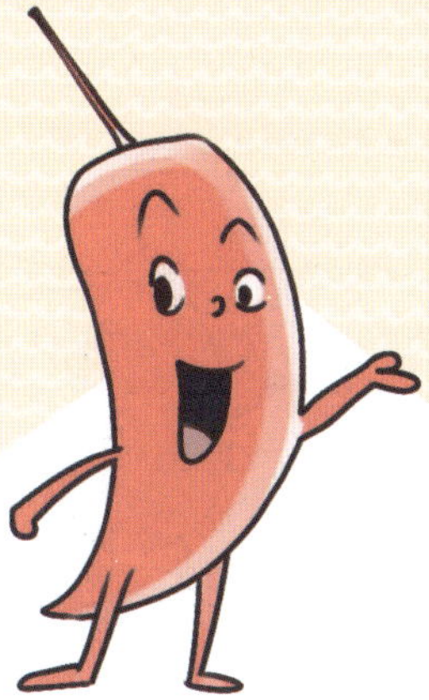

写给小朋友的话

亲爱的小朋友，欢迎来到食物王国！

说起食物，我们再熟悉不过啦！古代圣贤曾经说：“民以食为天。”意思是：百姓安居乐业的首要条件是吃饭。而今，我们几乎处处都可以见到食物的身影——餐桌上，摆放着家人为你精心准备好的一日三餐；超市里，琳琅满目的零食让你爱不释手；果园里，鲜嫩多汁的水果令你垂涎欲滴；……

现在，我要问问你：你知道食物有哪些小秘密吗？食物除了能让我们填饱肚子，还有哪些“超能力”呢？食物味道为什么各不相同呢？我们到底为什么要吃东西呀？

请你好好想一想，你能想到答案吗？

不知道也没关系，我来告诉你该怎么做——打开摆在你面前的这套书，这些答案，我们会在书里一一为你展现，相信你一定会恍然大悟：哇！原来是这样！真的好有趣啊！

还在等什么？现在立刻动动小手翻开它吧！

目录

6 食物大揭秘

14 生活小帮手

24 食疗大师

36 最强实验王

食物的前世今生

人类繁衍至今，食物也经过了不断进化，所以有了现在种类繁多、口味多样的“美食王国”。

据研究，早在大约 100 万年以前，人类就已经开始使用火烹饪食物了。吃了熟的食物以后，人类的食量有所增加，身体变得更加强壮，这也开启了人类探索美食的漫长道路。

大约在 6000 年前，居住在美索不达米亚地区的苏美尔人对人类文明做出了重要贡献，他们用大麦酿出了啤酒，而且，他们还喜欢用麦秆制作的吸管喝啤酒，人类已知的第一根吸管就是由他们发明的。当时的啤酒和今天的啤酒不同，里面没有那么多泡沫。

公元前 2600 年前后，埃及人学会了制作烙饼。他们会在烤炉里烘烤经过发酵的面糊，同时在炉子顶上直接制作烙饼。

蔗糖现在已经成为人们日常生活中必不可少的东西，但从前蔗糖可是很稀有的。大约在公元前 300 年，古人学会了甘蔗制糖技术，他们将甘蔗榨汁后熬煮或曝晒，从而得到糖。

距今 1800 年左右，中国人发明了新的美食。他们把面团搓成细条，制作出了面条。

历史不断向前，人们探索美食的脚步也从来没有停下。中国东汉时期，有医圣之名的张仲景用面皮包上羊肉和药材，做成耳朵的样子，用水煮熟后给人们食用，可以医治冻坏的耳朵，取名“娇耳”。后来，“娇耳”演变成了中国的代表美食之一——饺子。

扫码领取
- 动画科普课堂
- 食物探究实验
- 蔬菜观察日记

东汉时期，居住在中国东南沿海地区的人们发明出了一种用盐、米和熟鱼肉拌在一起制成的食物，称为“鲊”。后来，这种食物传到日本，被日本人称为“寿司”。

在1000多年前的宋朝，中国的炼铁技术有了飞速进步，人们打造出了铁锅。从此以后，中国人开始用铁锅制作菜肴，“炒”这种烹饪方法就这样出现了。

大约在公元6世纪，埃塞俄比亚的一个牧羊人意外发现了咖啡。约17世纪初，咖啡被阿拉伯人带到了欧洲，由于价格相当昂贵，被人们称为“黑色金子”，只有贵族才能享用。

随着咖啡树种植的规模扩大，咖啡这种“小豆豆饮料”在整个欧洲大陆慢慢流行起来。

1750 年，法国人把弗吉尼亚草莓和智利草莓进行杂交，培育出了入口香甜、个头较大的新品种草莓。不要觉得奇怪，其实现在我们吃到的绝大多数水果，都是人们用各种方式培育出来的。

如今，人类对美食的探索还在不停地进步，而且在人造食品方向也有了突破。2019 年 10 月 7 日，以色列一家公司宣布，其与俄罗斯宇航员合作，成功在太空中培育出了太空人造肉。

中西餐具差异

中国和西方的餐饮文化存在很大的差异，最为直观的差异就是餐具。我们中国人习惯用筷子，而西方人习惯用刀叉。这是因为我们的主食是米饭和炒菜，用筷子更方便；西方人的主食是面包和牛肉，用刀叉更顺手。

给食物“化妆”的天然色素

在我们的生活中，广泛存在着天然色素，它们的作用是默默地、自然地给食物“化妆”。让我们一起去认识一下这些天然色素“化妆师”吧！

辣椒红色素

辣椒红色素，又叫辣椒红、椒红素，是从红辣椒果皮中提取到的一种橙黄至橙红色的天然色素。

番茄红素

番茄红素不仅存在于番茄中，还存在于西瓜、南瓜、李子、柿子、胡椒果、桃子、木瓜、杧果、番石榴、葡萄、柑橘、红莓等果实中，以及萝卜、胡萝卜、甘蓝等根部中。

栀子黄色素

栀子黄色素是从栀子的果实中提取出来的，极易溶于水，对蛋白质、淀粉等具有优秀的染色能力，能使食物轻松染上黄色。

萝卜红色素

萝卜红色素主要存在于红心萝卜中，是一种纯天然食用色素，可以安全地添加到药品、化妆品、食品、饮料中。纯净的萝卜红色素是深红色的无定形粉末，这种“红”可以随着酸度不同而变化，呈现出橙红、粉红、鲜红、紫罗兰色等。

姜黄素

姜黄素是从草本植物姜黄的根茎中提取得来的，又称为姜黄色素。它是一种橙黄色的结晶粉末，有胡椒气味并略带苦味。

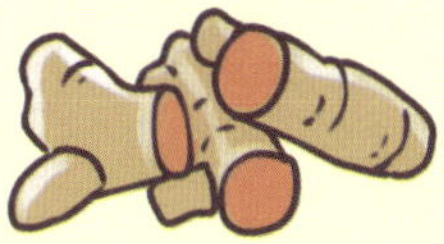

红曲色素

古时候，人们故意让红曲霉污染蒸熟的米饭，使其充分生长，晾干后就可以得到红曲米。从红曲米中提取出来的色素就是红曲色素。它是红色或暗红色的液体、粉末或糊状物，古人一般用它对食品着色，现在它也被用于熟肉制品、腐乳、糖果、配制酒、雪糕、饼干、果冻、调味酱等食物的着色。

甜菜色素

甜菜色素又称甜菜红，是从食物红甜菜的根（俗称紫菜头）中提取的天然色素。因甜菜色素耐热性不好，所以不适用于高温加工的食品。

吃对身边的好食物

随着生活水平的提高，人们的饮食习惯也发生了非常大的变化。我们想要保持健康，就必须要合理膳食。下面是生活中几种常见的好食物。看一看，你吃对它们了吗？

牛奶

牛奶最好不要空腹饮用，特别是乳糖物质不耐受的人、肠胃不好的人，空腹状态下喝牛奶容易出现腹胀、腹泻、消化不良等肠胃问题。另外，不要用铜锅来煮牛奶，因为煮的过程中，营养成分容易被铜破坏掉，造成营养物质的浪费。

鸡蛋

鸡蛋具有很高的营养价值，被人们称作“理想的营养库”。现在有很多人愿意吃“溏心蛋”，事实上，吃这种半生不熟的鸡蛋对人体并不好，一是由于生鸡蛋里的细菌没有被杀净；二是生鸡蛋也不利于人体消化，会给脾胃带来一定的负担。因此，还是吃熟透的鸡蛋为宜。

香蕉

大家都知道，吃香蕉利于通便，但是需要注意的是，只有吃熟透的香蕉才利于排便，因为没有熟透的香蕉含有较多的鞣酸，对消化道有收敛作用，会抑制胃肠蠕动，吃没有熟透的香蕉反而会加重便秘的发生。

蜂蜜

蜂蜜中含有大量的氧化酶、蛋白质和维生素，被开水烫过之后会导致酶类失活，营养物质流失。蜂蜜应该用温水冲服，水温不能超过60℃，否则会降低蜂蜜的营养价值。

土豆

土豆营养丰富，而且易被人体消化吸收，在欧美享有“第二面包”的美誉。人们经常把切好的土豆片、土豆丝放入水中，以免其氧化变色，影响菜品的美观。但需要注意的是，不要泡得太久，这样会致使水溶性维生素等营养物质流失。

扫码领取

- 动画科普课堂
- 食物探究实验
- 蔬菜观察日记

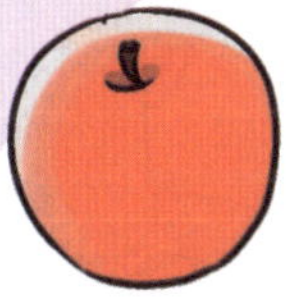

枣

在我国，枣历来被认为是重要的滋补品。枣皮中含有丰富的营养，在炖汤时，应该连同枣皮一同烹调，生吃时，要将枣皮充分咀嚼，因为枣皮膳食纤维较硬，不易消化。

苹果

苹果酸甜可口，营养丰富，因此，在吃苹果时，要细嚼慢咽，多咀嚼可以分泌出更多的唾液和胃液，有利于促进人体对苹果营养元素的吸收和消化。但是，不要在饭前吃苹果，以免影响正常的进食和消化。

去除污渍我最强

在日常生活中，我们经常会把污渍弄到手、衣服、家具等地方。让人烦恼的是，有的污渍十分顽固，难以清洗。其实，有些食物就具有良好的去污能力。现在就让我们一起去看一看，如何巧妙运用食物来解决这些让人烦恼的污渍吧！

去除铁锈

厨房里的刀具及家中其他工具用久后，上面会出现铁锈。找一个洋葱切开后，在生锈的部位反复涂擦，不久之后，铁锈就会被消除。

去除墨渍

手上沾了墨渍时，切开一个番茄，往污渍处挤些汁液并用力揉搓，再用清水冲洗一下，墨渍就会消失了。

使银器恢复光亮

先把锅里加满水，再放入几个土豆，煮熟后取出。取来变得发暗的银器，将其泡在煮过土豆的水中，1 小时后取出，再用清水冲洗干净，银器就会光亮如新。

擦除油泥

用西瓜皮擦洗铝制或不锈钢制炊具，可以擦除油泥，使炊具光亮如新，且不会有划痕。擦完后，只需再用清水反复冲洗即可。

清洁牙齿

将适量干橘皮研成粉末，并掺入少许牙膏用来刷牙，能使牙齿变白，口气清新。

去除汗渍

衬衫上沾了汗渍，尤其是腋下部位，很难清洗掉。将等量的柠檬汁与清水混合，拌匀后倒在污渍处，并用力揉搓，可以使之除去。

清洁冰箱

取来洁净的软布，用啤酒浸透后擦拭冰箱内外，不仅可以轻松除掉污垢，还能起到消毒的作用。

蚊虫克星

蚊虫不仅会传播疾病，还会令我们心情烦躁。别急，我们用“食物小帮手”来对付它们！

洋葱驱逐苍蝇

在厨房苍蝇多的地方，放一些切碎的洋葱，其强烈的刺激性气味可以把苍蝇赶出家门。

花椒防蚂蚁

蚂蚁靠气味寻找食物，而花椒的气味会干扰蚂蚁的正常生活，所以，撒数十粒花椒在菜橱的周围，就可以有效防止蚂蚁窃食。

扫码领取

- 动画科普课堂
- 食物探究实验
- 蔬菜观察日记

盐水防蛀

如果家中的实木家具经常被蛀虫蛀蚀，只要在家具表面用浓盐水擦拭几遍，就能有效防蛀。

柠檬去虫

将柠檬榨成汁，撒在屋子里，不仅可以驱逐苍蝇、蟑螂，还能让屋子里增添一股清香，令人心情愉悦。

黄瓜驱蟑螂

在食品橱里放些新鲜的黄瓜，蟑螂就不会靠近食品橱了。两三天后，再将鲜黄瓜切开，使它继续散发黄瓜味，可以继续有效驱除蟑螂。

利用丝瓜络抓捕蟑螂

把切成一半的老丝瓜的瓜络空隙内塞些面包屑、油条，再放在蟑螂经常出没的地方，蟑螂钻入丝瓜络里觅食时就会被困住。

桉树油杀臭虫

在适量的肥皂水、松油混合液中，放入适量桉树油和桉树叶，调匀，涂抹于臭虫经常出没的地方，即可将臭虫消除。

大蒜驱蚂蚁

蚂蚁无法忍受大蒜的刺激性气味。如果家中出现了蚂蚁，只要在蚂蚁的出入口放上去了皮的新鲜大蒜，就可以将其驱逐。

异味哪里逃

看到“异味”这个词，你的鼻子是不是已经皱起来啦？这的确是个不太美妙的词。每当有异味散发出来，人们就会喷洒空气清新剂来“对付”它。其实，这只是在通过散发香味来掩盖异味，减轻人们对异味不适的感觉，并不能从根本上消除异味。事实上，神奇的食物就是消灭异味的“高手”！

除烟味

将柠檬用清水洗净后，切成块，放入锅中，加少许水，将其煮成柠檬汁，然后将柠檬汁放进喷雾器里以后，喷洒房间各处，即可将烟味去除。

清除电冰箱异味

白砂糖是我们日常生活中常用的调味品。把一些白砂糖倒在盘子里，放进电冰箱，即可除去电冰箱里面的异味。

如果怕白砂糖受潮后不好清理，可以事先在盘子里垫一张厨房用纸。

去除橱柜的油漆味

煮开的牛奶倒入盘中，把盘子放到刚刷过油漆的橱柜里，将橱柜的门关紧，约 5 个小时后，油漆味即可被除去。

扫码领取
- 动画科普课堂
- 食物探究实验
- 蔬菜观察日记

去除花卉肥料味

给花卉施肥后，房间内会出现一种臭味。将剪碎的橘子皮撒在花土上面，既能增加土壤的肥力，又可以有效去除臭味。

去除炒菜锅异味

把茶叶放在炒菜锅里煮 5 ～ 10 分钟，然后刷洗一下炒菜锅，就可以消除异味。

去除霉味

将晒干了的茶叶渣装入干净的纱布袋中，放到居室各处，不仅能除霉味，还能散发出阵阵清香。

去除炊具油漆味

炊具如果有油漆味，可以把花椒放入水中熬煮 10 ～ 15 分钟。将炊具放入花椒水中浸泡一会儿后，再用清水冲洗，油漆味就会消失了。

染色“黑科技”

植物染料就是用自然界植物的茎、叶、果实、种子、皮、根等，提取色素制成的染料。利用植物染料的工艺是古代中国染色工艺的主流。植物染料以其拥有自然的色彩，防虫、杀菌的作用，自然的芳香，赢得了人们的喜爱。

中国古代将青色（蓝色）、赤色（红色）、黄色、白色、黑色称为“五色”，也是本色、原色。那么，这些颜色是怎样染出来的呢？

青色染料

青色染料是从蓝草中提取靛蓝染制而成的。能制靛蓝的蓝草有很多种，古代最初用的是菘蓝，后来逐渐发现蓼蓝、马蓝、木蓝、苋蓝等植物也可以提取靛蓝色。

菘蓝

木蓝

马蓝

蓼蓝

赤色染料

茜（qiàn）草的根含有茜素红，可染出红色。但茜草染出的颜色不是正红，而是较暗的土红色，后来人们逐渐发明了红花染色技术，得到了鲜艳的正红色。

黄色染料

黄色染料早期主要用栀子染制而成。栀子的果实中含有名为“藏花酸”和“藏红花酸”的黄色素，是一种直接染料，染成的黄色微泛红光。后来，黄色染料的原料又有了地黄、槐树花、黄檗、姜黄、柘黄等。用柘黄染出的织物在月光下呈泛红光的赭黄色，在烛光下呈现赭红色。

栀子

地黄

槐树花

黄檗

柘黄

黑色染料

五倍子壳

板栗的青皮

古代主要用五倍子壳、板栗的青皮、莲子壳、乌桕叶、柿叶、乌冬青等提炼黑色染料。

莲子壳

乌桕叶

柿叶

乌冬青

天然染料的应用

1 贴身衣物

大部分天然染料有药物作用，有的可抗菌消炎，有的可活血化瘀。用天然染料染制的内衣、睡衣等贴身衣物对皮肤的不良刺激较小。

2 婴幼儿服装和用品

婴幼儿的皮肤娇嫩。在婴幼儿服装和用品上使用天然染料染色，能让家长更加放心。

3 家纺产品

天然染料染制的床单、被罩、浴巾等家纺产品，符合生态环保标准，深受人们的喜欢。

天然染料的弱点

植物染料虽然生态性能非常优异，但也存在着弱点。

1 植物染料成批生产有一定的困难，因为植物色素在植物中含量非常低，导致植物染料的价格非常昂贵。

2 植物染料的染色和使用性能不理想，可选择的颜色品种少，不能按任意指定颜色进行染色，加工染色工艺复杂，成功染色的概率较低。

食物变身“发电侠”

日常生活中会产生大量的食物垃圾，例如，饭菜残渣、蔬果外皮、动物骨骼等。这些食物垃圾如果处理不好，很容易引来苍蝇和蟑螂，其产生的腐败难闻的气味，还会影响环境和身体健康。其实，有些食物垃圾经过特殊处理之后可以用作特殊的发电材料，还能节约不少能源呢！

烤肉剩油能发电

在韩国，烤肉盘旁边一般会放置一个纸杯，用来收集烤肉的油。这些油被统一回收后，通过多个处理步骤，可以进行发电。

葡萄酒废弃物做电池

在意大利，科学家研制出了一种新型光伏电池。这种有机太阳能光伏电池的原材料，就是从葡萄酒酿造过程中的废弃物里提取出来的。

我来试一试

1 用小刀把两根电线两端的塑料皮剥去。（儿童使用刀具要注意安全哦！）

2 把一根电线的一端插入番茄中。

3 把另一根电线的一端拧在曲别针上。

4 把曲别针的一头掰直，插入番茄中。插入番茄的电线和带有曲别针的电线尽量靠近，但不能碰在一起。

5 用手抓住两根电线的塑料皮部分，把它们裸露在外的铜线放在舌尖上。

见此图标 微信扫码

走去食物科普实验室！

6 这时，舌尖会尝到酸酸的味道，还会感觉到刺痛，这就是有电流通过了。

其实，只要把两种不同的金属放进合适的电解液里，再用导线连接起来，就能产生电流。

番茄发电的原理

番茄的汁液是一种电解液，铜线和曲别针是两种不同的金属，它们插进番茄，就组成了电池。

当我们用舌尖去碰触两根电线的尖端的时候，电路接通，电流就会从舌尖流过，舌头就会有感觉了。

漂亮吃出来

相信无论男生还是女生，都是爱美的。你知道在美丽的背后有多少珍贵的营养素在默默奉献吗？而这些营养素又来自哪些食物呢？下面就让我们一起来看一看吧！

扫码领取
- 动画科普课堂
- 食物探究实验
- 蔬菜观察日记

维生素 A——心灵之窗的守护神

美容功效

可以让眼睛水灵闪亮。

润泽皮肤。

富含维生素 A 的食材

胡萝卜、蛋类、黄色水果、菠菜、豌豆苗、红薯、青椒、鱼肝油、动物肝脏、奶类及奶制品等。

维生素 C——肌肤雪白的秘密

美容功效

美白肌肤。

收缩毛孔、调理肌肤。

富含维生素 C 的食材

番茄、白菜、韭菜、菠菜、辣椒、苋菜等新鲜的蔬菜，还有柠檬、樱桃、橙子、猕猴桃、苹果、山楂、梨等水果。

维生素 E——可延缓衰老的抗氧化剂

美容功效

增加肌肤抵抗力，延缓衰老。

清除自由基，保持肌肤活力。

富含维生素 E 的食材

小麦胚芽、棉籽油、玉米油、花生油、香油等油类有丰富的维生素 E。另外，几乎所有绿叶蔬菜中都含有维生素 E，柑橘皮中维生素 E 的含量也很丰富。

维生素 D——结实骨骼的塑造者

美容功效

维生素 D 能使钙有效地被吸收，从而塑造出强健的骨骼。

富含维生素 D 的食材

动物肝脏、鱼肝油、奶类（脱脂奶除外）、蛋类、鱼类等。

钙——完美体形的小卫士

美容功效

参与塑造完美的体形。

增加软组织的弹性和韧性。

富含钙的食材

奶类及奶制品、豆类、鱼虾类、坚果类、禽畜肉等。

铁——女性贫血的克星

美容功效

铁可以促成红细胞的形成和成熟，使皮肤变得红润。如果长期缺铁，人就会面色苍白、精神萎靡、食欲不振、四肢无力。

富含铁的食材

蔬菜和水果，动物内脏，动物血制品，牡蛎和鱼虾等海产品；荞麦、红薯、大豆等粗粮；核桃、葵花子和花生等坚果。

膳食纤维——苗条身材的塑造者

美容功效

有效减肥，塑造苗条身材。

有效延缓容颜衰老。

富含膳食纤维的食材

糙米、胚芽精米、玉米、小米、大麦、小麦皮（米糠）和麦粉（黑面包的材料）等杂粮，以及根菜类和海藻类食物。

雪梨拌苦瓜

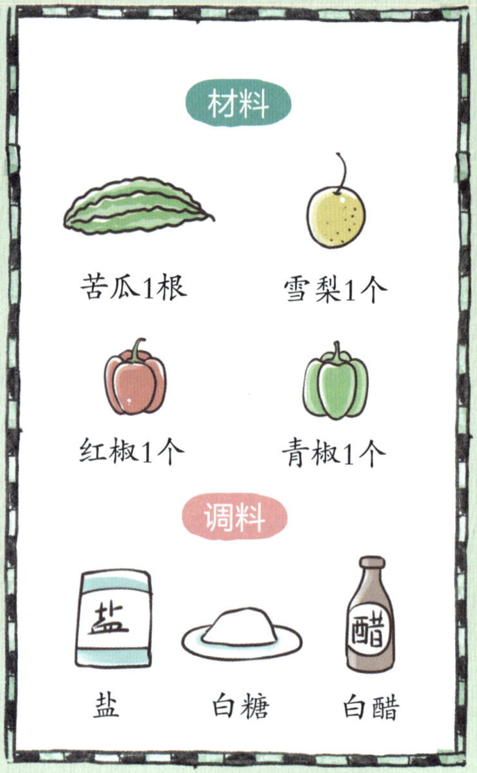

1 苦瓜剖开，去瓤、籽，洗净，切成条；雪梨去皮、核，切成条；红椒、青椒去蒂、籽，洗净，切成条。

2 锅内加水，放入少许盐，水沸后放入苦瓜条焯熟，捞出，放入凉开水中浸一下。

3 将苦瓜条、雪梨条、红椒条和青椒条放在碗内，加入盐、白糖、白醋，拌匀即可。

凉拌芹菜

扫码领取

- 动画科普课堂
- 食物探究实验
- 蔬菜观察日记

材料

芹菜150克

香葱15克

调料

盐

酱油

醋

香油

1 芹菜去根、叶，洗净，切成小段。

2 用沸水将芹菜段焯一下，捞起沥干。把香葱洗净，切成葱花。

3 将葱花、芹菜段放入盘中，加盐、酱油、醋、香油拌匀，按照自己喜欢的口味调制即可。

养生高手——薯类大家族

扫码领取
- 动画科普课堂
- 食物探究实验
- 蔬菜观察日记

薯类家族有营养

凡是能维持人体健康及提供生长、发育和劳动所需的各种物质都称为营养素。人体所需的营养素有蛋白质、脂肪、碳水化合物、维生素、膳食纤维、水和矿物质7类，还包含许多非必需营养素。薯类食物的营养素包含所有人体必需的营养素，是极有营养的食物。

认识薯类大家族

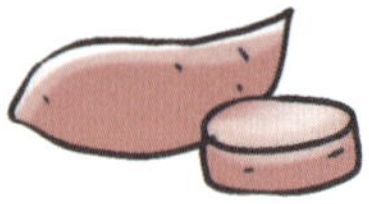

名字：甘薯
别名：山芋、红芋、番薯、红薯、白薯、地瓜、红苕

名字：马铃薯
别名：土豆、洋芋、馍馍蛋、地蛋、地豆子

名字：薯蓣
别名：山药、山薯、土薯、玉延、淮山药、山芋

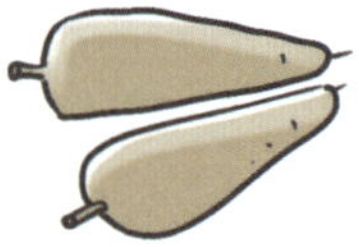

名字：木薯
别名：树葛、木番薯

名字：菊芋
别名：洋姜、五星草、洋羌、番羌、鬼子姜

名字：豆薯
别名：凉薯、番葛、沙葛、葛薯

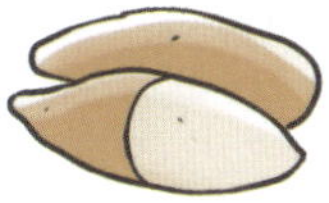

名字：雪莲果
别名：菊薯、亚贡、雪莲薯、地参果

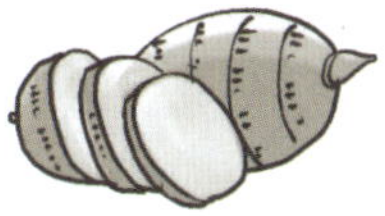

名字：芋头
别名：水芋、毛艿、接骨草

名字：菱角
别名：水栗、风菱、菱实、水菱

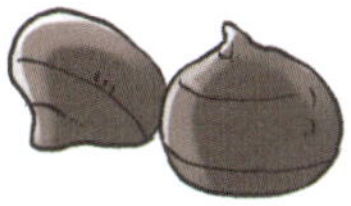

名字：荸荠
别名：马蹄、水栗、芍、乌芋、菩荠

名字：魔芋
别名：蒟蒻、虎掌、花梗莲、鬼芋、花伞把

食物让我长高了

要想长得高，营养少不了。但是，你知道怎样吃才能长高吗？是多吃就可以了吗？其实多吃不一定会长高，反而可能会长成小胖墩。只有了解长高所需的营养，选对关键食物，科学饮食，才能越长越高！

长高的关键食物

要想长高，我们每天的饮食至少应该包括这几类食物：富含蛋白质的食物、富含碳水化合物的食物、富含维生素和膳食纤维的食物。

碳水化合物类食物

碳水化合物类食物即糖类食物，包括主食（如米饭、面条等）、水果（如香蕉、西瓜等）、块茎类食物（如土豆、红薯等）。碳水化合物主要给人体提供能量，供我们体力活动和脑力活动的日常所需。

富含蛋白质的食物

包含禽畜肉类、蛋类、奶类食物。这些食物富含优质的动物蛋白，比植物蛋白更易于消化吸收。每天吃50克肉、1个鸡蛋，再喝500毫升奶，就可以基本满足身高增长和智力发育的需要。但是，高蛋白食物也不宜多吃，因为高蛋白食物会增加肝脏、胰脏、肾脏等重要器官的负担。

富含维生素和膳食纤维的食物

包括各类蔬菜、粗粮等，主要的作用是维持肠道的正常功能，保持大便通畅。人体的免疫系统绝大部分依赖肠道的肠系膜淋巴结，所以肠道健康对我们的身体健康至关重要。

圆白菜　　绿豆　　小白菜　　薏米

理想的长高食物

牛奶，被誉为“白色血液”，是理想的长高食物之一。我们长高所需要的蛋白质，首选奶类、肉类、蛋类，其中牛奶是人体钙的最佳来源且其含有的钙磷比例最利于钙的吸收。

扫码领取

- 动画科普课堂
- 食物探究实验
- 蔬菜观察日记

这些食物是可以替代的

高蛋白食物之间的替代

肉类、蛋类、奶类这些蛋白质含量较高的食物是可以相互替代的。

50 克肉含蛋白质约 9 克，1 个鸡蛋含蛋白质约 7 克，500 毫升奶含蛋白质 16 ~ 17 克。当某种食物摄入不足时，摄入其他含等量蛋白质的食物也是可以的。

高维生素类食物之间的替代

维生素类食物的种类很多，所有蔬菜、粗粮、薯类都属于这一类食物，如南瓜、茼蒿、生菜、胡萝卜、豌豆、扁豆、高粱、土豆、菜花、番茄等，可以在大原则的基础上根据饮食喜好、健康状况进行调整，这样既能保证获得长高所需要的营养，也能吃得很可口。

远离“垃圾食品”

“垃圾食品”是指除热量外营养密度极低的食物，也指提供超过人体需要热量，变成多余成分的食品。这些食品之所以被称为“垃圾”，是因为食材经过炸、烤、腌等加工工艺，使其营养成分部分或完全丧失，或在加工过程中添加或产生了有害物质。下面这些“垃圾食品”，我们要尽量远离它们哦！

以美式快餐为代表的油炸食品

美式快餐多偏重于肉类、油炸食物，营养构成为高脂肪、高淀粉的高热量食品，缺乏矿物质、维生素和膳食纤维。此外，这些食品多以煎炸为主，吃多了会导致肥胖、损坏心血管，诱发疾病。

腌制类食品

泡菜和咸菜是中国、日本、韩国等国家餐桌上的传统食品，腊肉也是很多国家的特色美食，但这类食物一定不要过度食用，因为它们会使肾脏负担过重，伤害肠胃，诱发溃疡和炎症，还会增加患高血压和鼻咽癌的风险。

肉类加工食品

肉干、肉松、香肠等

肉松和香肠已经是许多家庭餐桌上的常客，但美国一项研究证实，吃太多香肠及其他加工过的肉类食品，会增加患胰腺癌的风险，因为这类食品中含有的亚硝酸盐可以致癌。这类食物也含有大量的防腐剂，会加重肝脏的负担。

饼干类食品

非低温烘烤的饼干和全麦饼干

这类食品加入的食用香精和色素比较多，过多食用会导致蔬菜和膳食纤维摄取不足，从而诱发慢性肠胃疾病。另外，它们还含有反式脂肪酸，身体摄入过多很容易导致心血管疾病的产生。

汽水、可乐类饮品

此类饮品含有磷酸、碳酸等物质，会带走体内大量的钙。另外，由于这类饮品含糖量很高，喝后有饱腹感，会影响食欲。

速食食品

方便面和膨化食品等

这类食品盐分过高，并含大量的防腐剂、香精，会损害肝脏，而且其只有热量，没有营养。

罐头类食品

包括鱼肉类和水果类

罐头类食品比新鲜的食物营养成分含量低，且在加工过程中添加了很多盐、糖、防腐剂及人工香料，吃多了有害身体健康。

话梅、蜜饯类食品

这类食品中含有致癌物质——亚硝酸盐（防腐和显色作用），还含有防腐剂、香精，容易损害肝脏。

冷冻甜品类食品

冰激凌、冰棒和各种雪糕

此类食品含大量奶油，过多食用很容易引起肥胖，而且其含糖量太高，会影响食用正餐的食欲。

烧烤类食品

此类食品中含有大量号称“三大致癌物质之首”的苯并芘，会导致蛋白质碳化变性，加重肾脏和肝脏的负担。

荒野维生好帮手

如今，荒野旅行已成为一种时尚。在崇山峻岭、森林、荒漠、草原等地行走，体力消耗很大，也极具挑战性和刺激性。但是，我们千万不要忽视它的风险性。如果不幸遇到特殊情况，该怎样选择可以临时性充饥、维持生命的野生食物呢？让我们一起来看一看吧！

草本植物

苦菜

苦菜又称甘马菜、苦荬菜。生长在农田、山地、荒地，是最常见的野菜。

苦菜味苦，性寒，具有清热解毒、凉血、排脓等功效。春季采摘的幼苗或幼株，可以用开水焯一下，去除一些苦味后煮食或凉拌，是特别美味的菜肴。野外食用可补充身体能量，还可清火。

▲菊芋

菊芋又称洋羌、鬼子姜，地下块茎肥大，多为栽培植物，常逸生田野、路旁、沟渠边等地。菊芋味甘，性平，具有清热解毒、祛湿、和中益胃等功效。块茎含蛋白质、脂肪、碳水化合物、维生素、矿物质等成分。春季、秋季或冬季挖取块茎，可直接生吃，也可用开水煮食或用火烤食。

水生植物

▲菱角

菱角又称菱实，生长在池塘中或水流缓慢的江河湖泊中。菱角味甘，性凉，生食具有清热解暑、解毒、除烦止渴等功效；熟食可益气、健脾，是野外补充身体能量的优质食物。

藤本植物

山葡萄

山葡萄又称阿穆尔葡萄，生长在山坡上或灌木丛中，是山区较常见的野果。山葡萄具有生津、补血等功效，适用于肺虚咳嗽、血虚等证。夏、秋季采集果实，可直接生食，口感酸甜。野外食用可补充身体能量和水分，也可为低血糖者补充糖分。

灌木植物

▲沙棘

沙棘又称醋柳，浆果近似球形，橙黄色，花果期在 4 ~ 9 月，生长在山坡上和灌木丛中，是较为常见的野果。沙棘具有健胃补脾、活血散瘀等功效，其维生素 C 的含量很高，是苹果所含维生素 C 的 500 倍。秋季采集果实可直接生食，野外采食可补充身体所需的维生素。

木本植物

▲酸豆

酸豆又称酸角、罗望子，荚果直或微弯，深褐色，生长在杂木林、村寨旁。果实中含有胡萝卜素、碳水化合物、柠檬酸、苹果酸、氨基酸等成分。夏、秋季采摘成熟的果实，可直接食用，口感酸甜。酸角含糖量高，野外采食可补充身体能量，低血糖者可用其补充糖分。

菌类植物

草菇

草菇又称中国菇、麻菇、美味苞脚菇，喜欢高温、高湿的环境，常群生在草堆上。草菇含蛋白质、维生素、氨基酸、微量元素等成分，具有护肝健胃、消食祛热、促进伤口愈合、增强人体免疫力等功效。

葱汁会留言

关于葱，你一定不陌生吧？除了用来做菜，它还有一种奇特的本领哦！

是什么奇特的本领呢？

做完下面的实验，你就知道了。

见此图标🔲微信扫码
走 去食物科普实验室！

需要的物品

现在就来做

1 把葱的叶子拧掉，只留下葱白。

2 用手使劲挤压葱白，把葱汁挤到小碟里。

3 用毛笔蘸取葱汁，在白纸上写字。

4 用打火机把蜡烛点燃，要注意安全哦！

5 白纸上看不到字迹时，把白纸放在烛火旁烘烤。

白纸上出现了棕色的字迹，这太神奇了！

这是为什么？

葱汁能使纸发生化学变化，形成一种类似透明薄膜的物质，燃点比纸要低，所以，用葱汁在白纸上写的字，在烛火的烘烤下就会被烧焦，白纸上就会出现棕色的字迹。除了葱汁外，大蒜汁、洋葱汁等也有这种特性。

豆浆变豆腐

见此图标微信扫码｜走 去食物科普实验室！

你喝过豆浆吗？你吃过豆腐吗？如果告诉你，用豆浆就能做出豆腐，你相信吗？

做完下面的实验，你就明白是怎么回事了。

需要的物品

一杯原味豆浆

一把小勺

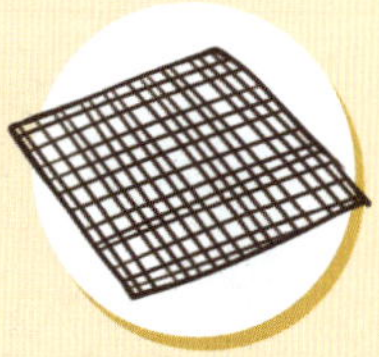
一块干净纱布

一点儿石膏粉

一把小刀

一支记号笔

一个空矿泉水瓶

现在就来做

1 在距离空矿泉水瓶底部约10厘米处，用记号笔画上一圈。

2 用小刀沿着记号笔的线条，把空矿泉水瓶切断。

3 在切好的矿泉水“杯”中，倒入约3厘米深的原味豆浆。

4 用小勺盛一点儿石膏粉，倒入豆浆中，搅拌均匀。

5 静置约15分钟后，注意观察矿泉水“杯”中是否出现了沉淀物。

6 将沉淀物用纱布包起来，轻轻挤压掉水分，然后打开纱布。

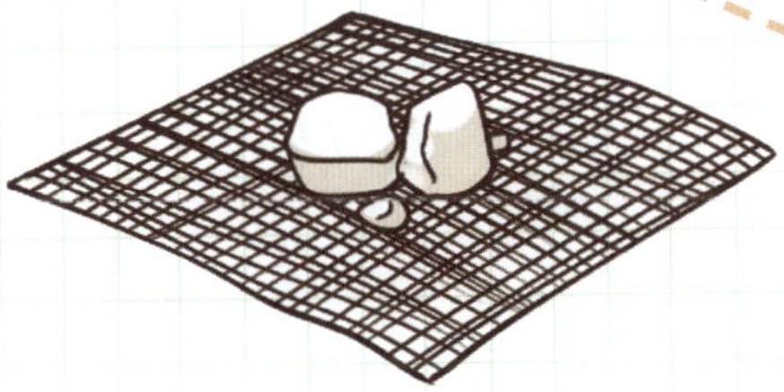

太神奇了，纱布中的沉淀物居然变成了豆腐！

这是为什么？

豆浆里含有蛋白质成分，表面带有同样电荷，互相排斥，所以不会沉淀。如果加入了石膏粉，就会在水中形成许多正负离子，从而破坏掉蛋白质之间的排斥作用，使蛋白质结合、沉淀，就变成了豆腐。

扫一扫，让科学走出书本，走进生活>>>

扫码玩转

厨房里的小实验

学1000次不如动手做1次

看动画

1分钟学会
1个食物小知识

做实验

10节课带你
探索食物的奥秘

写日记

观察记录蔬菜的生长变化

亲子食育小课堂

食物味道大不同

刘　璐◎主编

吉林科学技术出版社

图书在版编目（CIP）数据

亲子食育小课堂．食物味道大不同 / 刘璐主编．-- 长春 : 吉林科学技术出版社，2023.10
ISBN 978-7-5744-0871-5

Ⅰ．①亲… Ⅱ．①刘… Ⅲ．①饮食－文化－中国－儿童读物 Ⅳ．① TS971.202-49

中国国家版本馆 CIP 数据核字 (2023) 第 182683 号

食物味道大不同 SHIWU WEIDAO DA BUTONG

主　　编　刘　璐
策 划 人　于　强
出 版 人　宛　霞
策划编辑　穆思蒙　张　超
责任编辑　王聪会
内文制作　斯塔熊
幅面尺寸　226 mm × 240 mm
开　　本　12
字　　数　45 千字
印　　张　3.5
印　　数　1– 6 000 册
版　　次　2023 年 11 月第 1 版
印　　次　2023 年 11 月第 1 次印刷
出　　版　吉林科学技术出版社
发　　行　吉林科学技术出版社
地　　址　长春市福祉大路 5788 号出版大厦 A 座
邮　　编　130118

发行部电话 / 传真　0431–81629529　81629530　81629531
81629532　81629533　81629534
储运部电话　0431–86059116
编辑部电话　0431–81629517
印　　刷　长春新华印刷集团有限公司
书　　号　ISBN 978-7-5744-0871-5
定　　价　98.00 元（全四册）

写给小朋友的话

亲爱的小朋友，欢迎来到食物王国！

说起食物，我们再熟悉不过啦！古代圣贤曾经说：“民以食为天。”意思是：百姓安居乐业的首要条件是吃饭。而今，我们几乎处处都可以见到食物的身影——餐桌上，摆放着家人为你精心准备好的一日三餐；超市里，琳琅满目的零食让你爱不释手；果园里，鲜嫩多汁的水果令你垂涎欲滴；……

现在，我要问问你：你知道食物有哪些小秘密吗？食物除了能让我们填饱肚子，还有哪些“超能力”呢？食物味道为什么各不相同呢？我们到底为什么要吃东西呀？

请你好好想一想，你能想到答案吗？

不知道也没关系，我来告诉你该怎么做——打开摆在你面前的这套书，这些答案，我们会在书里一一为你展现，相信你一定会恍然大悟：哇！原来是这样！真的好有趣啊！

还在等什么？现在立刻动动小手翻开它吧！

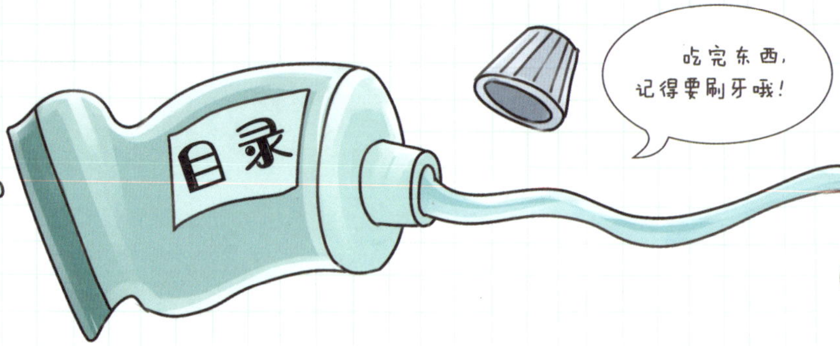

6 食物有五味

16 舌尖上的中国

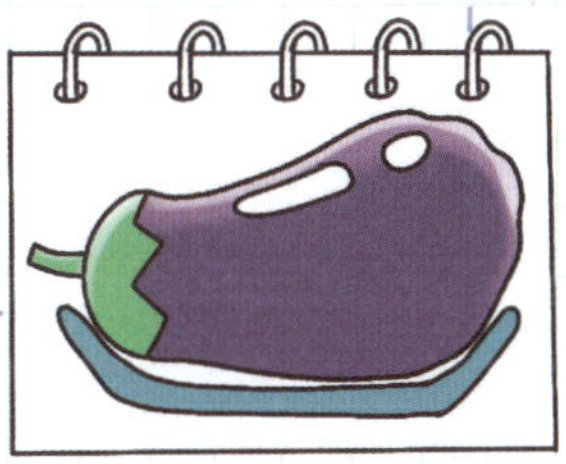

酸溜溜

中国的饮食讲究色、香、味俱全，并以味为重，即“酸、甜、苦、辣、咸”五味俱全。

《三国演义》中记载了这样一个故事：曹操率兵攻打张绣。当时正值暑热，军队长途跋涉，又没有水，士兵又渴又累，几乎走不动了。曹操急中生智，骗士兵们说：“前面有一大片梅林，到了那里，我们就可以吃梅子解渴了！”士兵们一听有梅子吃，嘴里顿时生出了口水，感觉也就不那么渴了，于是振作精神继续前行，最终找到了水源。这也是成语“望梅止渴”的典故。

梅子是我国特产的一种水果，已有 3000 多年的种植历史。梅子含有丰富的有机酸，如酒石酸、单宁酸、苹果酸等，所以味道较酸。吃梅子可以生津止渴、清暑解热。既然梅子中的酸有如此大的“魔力”，那就让我们一起走进“酸溜溜”的世界看一看吧！

常见的酸味食物

在生活中，我们常常能品尝到有酸味的食物，比如，番茄、醋、马齿苋、赤豆、橘子、橄榄、杏子、枇杷、桃子、山楂、石榴、乌梅等。

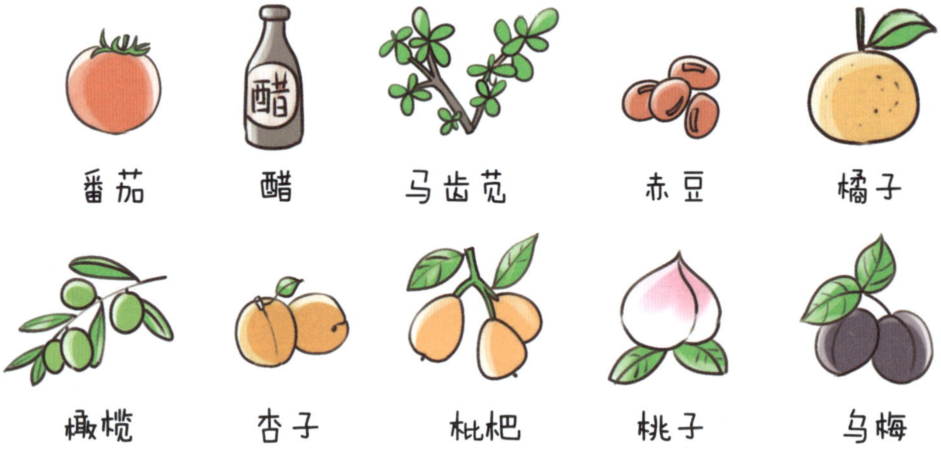

酸味是如何被感知的

含有酸味的物质先刺激口腔内的味感受体——味蕾，然后通过一个收集和传递信息的神经感觉系统，传导到大脑的味觉中枢，再通过大脑的综合分析，得出酸的结论。

酸中“高手”——柠檬酸

说到柠檬酸，大家自然会想到柠檬。柠檬中含有丰富的柠檬酸，因此，被誉为“柠檬酸仓库”。因为很多孕妈妈喜爱食用柠檬，所以它又被称为“益母果”或“益母子”。除柠檬以外，柑橘中也含有较多的柠檬酸。

酸中代表——醋酸

醋是生活中常见酸味调味品的代表。传统的醋是用高粱、大米等粮食发酵酿制的。除了粮食，各种果汁也可以用来制醋。

酸中美味——乳酸

之所以叫乳酸，是因为这种酸最初发现于酸牛乳中。提起乳酸，你一定会想到爽口而又有营养的酸奶。其实，乳酸作为酸味剂，还有很多其他的用途。例如，利用乳酸发酵制成泡菜、腌菜，不仅可以调味，还有防止杂菌繁殖的作用。

山西人的“醋意”生活

喜食酸味在中国的许多地区都很流行，山西陈醋、四川泡菜、东北酸菜等都是中国酸食文化的典型。

山西是醋的故乡，“西酸”就是指山西人喜爱吃醋。在山西，可以说无醋不成餐。做菜时，厨师会在菜里放醋；开餐时，服务员会给每位食客递上一小碟醋；吃主食时，山西人也会拿过醋壶，用醋调味。仔细观察就会发现，菜单上的菜品不少都与醋有关，如老醋花生、醋熘白菜、酸汤莜面、酸辣土豆丝等，不胜枚举。

山西人爱吃醋，与地形、气候密不可分。从地形上看，山西地处黄土高原，气候干燥，水质偏碱性，而醋中的酸正好能中和水的碱性，有利于软化水质，维持体内的酸碱平衡，保持健康。另外，山西人喜爱面食，面食呈碱性，相对难消化，吃醋能增加胃酸浓度，有助于消化。

甜蜜蜜

巧克力的浓情蜜意，水果的甘甜可口，大米的自然回甘，蜂蜜的甜香四溢……生活中随处都有洋溢着甜蜜滋味的食物。科学研究表明，人吃甜食时，会激活大脑中的多巴胺神经元，刺激神经末梢，让大脑兴奋，从而产生愉快感。难怪有那么多人对甜品爱不释手！

甜味的作用与来源

甜味调料是除咸味调料外用途最广泛的调味品，在我国南方地区的菜系中被普遍使用。甜味能去腥解腻，还可抑苦增鲜，主要来自各种含糖物质，如糖、蜂蜜、果酱等。

蜂蜜

人类最古老的甜味剂就是容易取得且味道鲜甜、营养丰富的蜂蜜。蜂蜜在烹调中的应用极为广泛，宋朝时人们就会使用蜂蜜制作“蜜煎”菜肴。此外，由于蜜制糕点具有色泽鲜艳、质地柔软、气味芳香、不易风干等优点，所以蜂蜜在糕点产业中的作用也是不可替代的。

麦芽糖

麦芽糖古称“饴”，约公元前1000年的西周时期，人们就已经学会用米、麦、粟这些含淀粉的粮食做原料，经发酵、熬煮制成麦芽糖，也就是饴糖。

蔗糖

约公元前300年，印度和中国开始种植甘蔗。汉武帝时期，蔗糖的制取与食用已经相当普遍。明末时期，中国人发明了“黄泥水淋脱色法”制糖，用这种方法制出来的糖，颜色接近纯白，是当时世界上品质最好的糖。

常见的甜味食物

含甜味的食物特别多，常见的有南瓜、胡萝卜、黄瓜、红薯、甘蔗、柿子、苹果、西瓜、蜂蜜等。

南瓜

胡萝卜

黄瓜

红薯

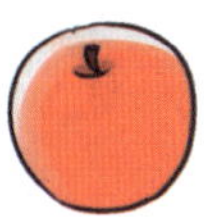

苹果

西瓜

蜂蜜

“要想甜，加点盐”的科学奥秘

用低浓度的盐水浸泡切开的水果，会使水果细胞脱水，水果的水分减少了，自然甜度就增加了。盐水还可以溶解水果中的少量有机酸，增加水果的甜度。另外，脱水后的水果脆性增加，吃起来会更爽口。

以甜闻名的苏菜

江苏菜简称“苏菜”，是中国八大菜系之一，以甜味闻名。

其实，北宋时期的沈括曾在《梦溪笔谈》中，将中国当时的口味分布概括为“大抵南人嗜咸，北人嗜甘”。原来，糖在当时比较昂贵，不是谁都能买得起的，所以经济发达且有首都物资之利的开封周边，人们喜欢吃甜也就不足为奇了。

后来，中原被金国攻陷，大批中原人移居江南，把喜欢吃甜食的习惯带到了江南，并让江南人跟着吃起了甜食。日久天长，苏菜就变成了以甜味为主的菜系。

适当吃甜食有助于维持良好的情绪和转换思维方式，因此，这里的人头脑灵活、温柔敦厚、脾气好，人们过着温婉闲适的生活。

苦涩涩

如果有人对你说他爱吃苦味，你可能会觉得这个人很奇怪。人们通常不爱吃“苦”，因为它不像甜味食品一样，能让人感到愉悦。不过，适量的苦味具有开胃除烦、松弛神经的作用，所以日常生活中，我们可以适当吃一点儿“苦”。

“苦”能保护生命

世界上绝大多数的苦味都来自植物制造的有毒物质。当人吃到某种植物时，如果感到苦，就会立刻将其吐出，从而避免中毒。因此，可以说苦味是站在人类与食物之间的一位“哨兵”。

苦是“甜蜜”的使者

苦能给人带来健康，俗话说：“天热食‘苦’，胜似进补”，夏季气温高，往往让人精神萎靡、倦怠乏力、食欲不振，吃点苦味蔬菜大有裨益。比如，苦瓜不仅是一种极好的蔬菜，也是一种良药。科学家从苦瓜中提取出的味道极苦的物质——奎宁（俗称“金鸡纳霜”），就是抗疟疾的特效药物，对疟疾所致的发热有良好的控制作用。

常见的苦味食物

苦味食物“家族”庞大，有生菜、苦瓜、芹菜、苦笋、莴苣、芥蓝菜等蔬菜，还有药食兼用的莲子心、薄荷叶、苦杏仁等。

生菜　苦瓜　芹菜　莴苣

芥蓝菜　薄荷叶　苦杏仁

苦菜——流落民间的明珠

有一种植物，它的嫩茎叶被黄土高原人民誉为饥荒年月的“救命菜”、丰年的“常年菜”，它就是“流落民间的明珠”——苦菜。

苦菜是一种多年生草本植物，遍及我国各地。当年红军在长征途中，就曾以苦菜充饥。

通过“苦菜营养成分”图我们可以知道，它含有丰富的营养物质。食用苦菜有助于促进人体内抗体的合成，增强机体免疫力，特别适合体虚的人。苦菜中丰富的铁元素可以预防贫血，其含有的多种矿物质有利于儿童的生长发育。

扫码领取
- 动画科普课堂
- 食物探究实验
- 蔬菜观察日记

科研人员研究发现，维生素 C 很容易被破坏。刚从地里采集到的苦菜放置半天后，其维生素 C 含量就会损失三分之一；在 100℃的开水中煮 10 分钟，其维生素 C 几乎全部损失，所以，苦菜以生吃为佳。如果感觉太苦，可以用开水焯烫后凉拌食用。

火辣辣

“四川人不怕辣，湖南人辣不怕，贵州人怕不辣。”你听过这句俗语吗？为什么这么多人喜欢吃辣呢？辣究竟有什么魅力？下面就让我们一起来揭开辣的奥秘吧！

揭开“辣”的真面目

人们常说：“生活就像五味瓶，酸、甜、苦、辣、咸，样样俱全。”其实在五味中，辣与其他味道不同，因为辣椒、生姜等食物中含有名为辣椒素、姜辣素的物质，作用于舌头上感觉痛和热的区域，会使大脑产生灼热疼痛的辛辣感觉。因此，辣并不是味觉，而是鼻腔和口腔黏膜受到辣味刺激时产生的一种痛觉。

人们为什么爱吃辣

既然辣是一种痛觉，为什么人们还喜欢吃辣呢？因为吃辣时会产生一种烧灼的感觉，让大脑产生一种机体受伤的错觉，并开始释放人体自身的止痛物质——内啡肽，从而让人产生兴奋的感觉，所以吃辣是一种“痛并快乐”的体验，让人乐在其中。

常见的辣味食物

常见的辣味食物有大蒜、姜、葱、白酒、洋葱、花椒、茴香、韭菜、辣椒、芥末、胡椒等。

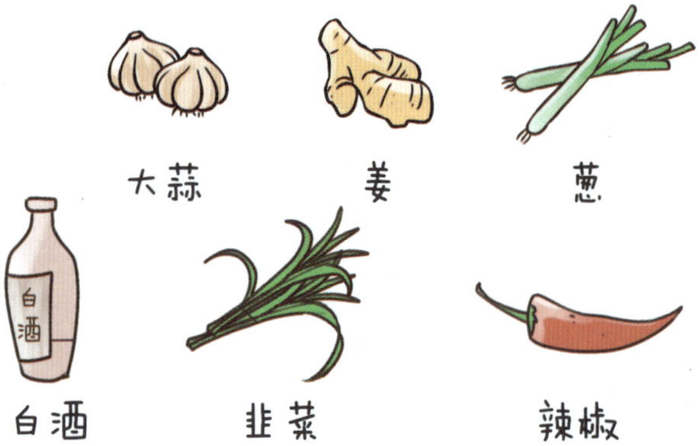

解辣的方法

吃辣味食物时，辣椒素会紧紧地与味觉器官上的神经受体相结合，而辣椒素是非水溶性物质，只能与油类及酒精相结合。因为牛奶中所含的蛋白质与人体所含的蛋白质很相似，可对受到辣质灼伤的消化道上皮黏膜细胞起到修复作用，并能缓和感觉神经的受刺激程度，所以，吃辣后可以吃一块雪糕或喝一杯牛奶，都能有效解辣。

神话传说：拯救瘟疫的“红果”

相传很久以前，荆楚大地突然流行起了瘟疫，十户九空。有位大发慈悲、救苦救难的神仙路过，播撒了一种红果，教人煮食，从而使瘟疫消除，人们又过上了安居乐业的生活，后来，人们把这种救命的红果称作“辣椒”。

西南地区的火辣生活

在美食的世界中，辣味有着自己的一席之地，尤其在西南地区更为突出。

西南地区的人们喜爱吃辣，原因之一就是当地气候潮湿，而辣椒有祛寒、祛湿的功效，可以减少人患风湿的概率，所以当地人特别喜欢吃辣。

正所谓“一方水土养一方人”，不同的环境造就了不同地区各具特色的饮食特点，从而发展了该地区的饮食文化。

喜欢吃辣还能反映西南地区的一些人文特点。比如，重庆人喜欢吃火锅，这也正是巴渝饮食文化的体现，是古老族群巴族人民性格勇武豪放的表现。

咸滋滋

广东的盐焗鸡、云南的诺邓火腿、四川自贡的火边子牛肉……这些美食光是听名字就足以吊人胃口了，它们都是咸味美食中的佼佼者。还有我国的特色美食——咸菜，也是与咸味关系密切的食品。那么，这些美食的咸味是如何产生的呢？

“百味之王”——食盐

提到咸味，我们首先想到的是食盐。食盐中氯化钠的含量在99%以上，是使用最广泛的调味料，有“百味之王”之称。

食盐妙用

去异味

食盐可以去掉原料中的异味，使食物味道醇正。如苦瓜、竹笋等带有苦味、涩味的蔬菜，切好后加少量食盐泡一下，滤去汁后再烹饪，可减少苦味、涩味；新鲜的鱼放在食盐水里洗一洗，可去除腥味。

增鲜

在烘烤肉类前先抹点儿食盐，可使肉类味道更好；加工不太新鲜的鱼时，用食盐把鱼里外擦一遍，放置1小时后再下锅，可以鲜味如常。

保持衣服颜色

把新衣服放在浓盐水里泡12小时，然后用清水洗干净，可以使衣服不易褪色。

增加水果的甜味

吃西瓜、阳桃、凤梨等水果时，蘸些食盐会使其味道更甜。

我国传统咸味调味品

豆豉

豆豉是我国传统发酵豆制品，鲜美可口、香气独特，含有丰富的蛋白质、脂肪、多种氨基酸及维生素等。用豆豉拌上麻油及其他佐料，可作助餐小菜；用豆豉与豆腐、茄子、芋头、萝卜等食材烹制菜肴，别有风味；著名的麻婆豆腐、回锅肉等菜均少不了添加豆豉；广东人还喜欢用豆豉烹调粤菜，如豉汁排骨、豆豉鲮鱼等。

回锅肉

豉汁排骨

豆豉鲮鱼

豆腐乳

豆腐乳是一种味道鲜美、口味独特、营养丰富的传统佐餐食物和调味品。豆腐乳中蛋白质的含量与肉类相当，还有丰富的维生素。腐乳虾仁炒蛋、腐乳五花肉、腐乳鸡、腐乳蒸肉等菜肴都离不开豆腐乳。

咸味美食——自贡盐帮菜

“食盐为百味之祖，自贡为井盐之都，盐帮为美食之族。”盐帮菜和盐帮文化是华夏文明中一颗璀璨的明星。

四川自贡具有两千多年的盐业历史，素以“千年盐都”蜚声中外。自贡是盐帮菜和盐帮文化的发源地，盐帮菜以“味厚香浓，辣鲜刺激”闻名天下，取得了“精品川菜”的美誉。

盐帮菜在演变过程中，积淀了大批知名菜品，如火边子牛肉、火爆黄喉、古井腊肉等。

火边子牛肉

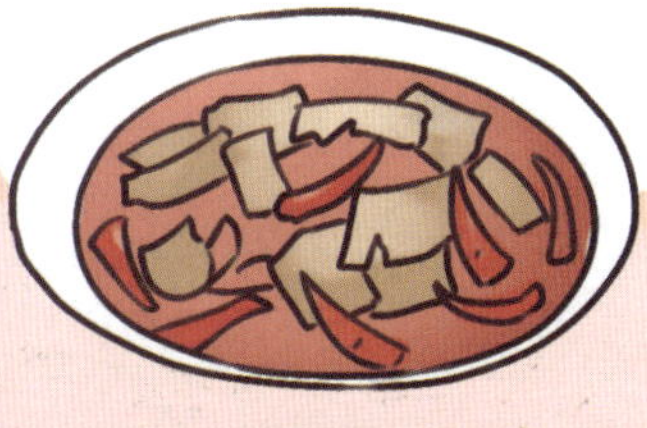

火爆黄喉

古井腊肉

中国“最红”食谱

“最红”食谱背后的故事

1 清朝乾隆年间，有位名士叫袁枚，凭着过人的才华，一举考中进士，授翰林院庶吉士，后因庶吉士甄别考试不合格，被外派到地方做知县。

2 袁枚在任期间政绩斐然，可官场上的繁文缛节却让他非常疲惫。1749年，袁枚的父亲去世之后，他便辞官回家，侍奉母亲，那时他才30岁出头。

3 辞官后，袁枚过上了悠闲的归隐生活。他买下废弃已久的隋织造园，将其建成一座清幽迷人的私家园林，并改名为“随园”。袁枚在随园喝茶、读书、宴请宾客，开始了他的美食鉴赏生活。

4 袁枚的第一爱好便是“吃”。他在随园“高薪”聘请了众多江南名厨，变着花样做菜，并把菜谱记录下来。他还十分留心各种美食的特点和烹饪技巧。

5 袁枚经常到达官贵人家里做客，若吃到美味佳肴，他就会派家厨去学习制作方法，并用文字记录保存，日积月累，便收集了很多美食菜谱，编成了《随园食单》。

《随园食单》里的美味佳肴

《随园食单》分为须知单、戒单、海鲜单、江鲜单、特牲单、杂牲单、羽族单、水族有鳞单、水族无鳞单、杂素菜单、小菜单、点心单、饭粥单、茶酒单 14 个部分，详细记述了中国元朝至清朝时期流行的 326 种菜肴和点心，是一部非常重要的中国饮食名著。

《随园食单》是袁枚 40 多年美食实践的结晶。在这本书中，袁枚对这些菜肴师承何派、出自谁手、有何精妙之处，记载得都很详细，因此，这本书堪称美食家的必读之书。

现今著名三大官府菜之一的随园菜，就得名于《随园食单》。随园菜上至山珍海味，下至一粥一饭，都用料严格，火候精巧。

“煨菜”是随园菜的看家菜，其中红煨鳗尤为美味。袁枚在《随园食单》中写烹制此菜有三戒：一是皮有皱纹，皮便不酥；一是肉散碗中，箸夹不起；一是早下盐豉，入口不化。红煨鳗经烹制后皮肉酥脆入味，味道鲜美宜人。

和古代贵族吃饭

现在，请你坐上时光穿梭机，回到古代和贵族一起吃顿饭，看看他们的餐食是什么样的吧！

贵族吃得并不差

虽然古代物资匮乏，食物品种稀少，但是身为贵族，吃得并不比我们现代人差。古人的日常饮食并不像你想象的那样，只有清水、蔬菜、杂粮。

古代饮食有等级区分

古代的饮食生活有严格的等级区分，普通人的食物和王公贵族的食物是迥然不同的。2000 多年前的春秋时代，烹饪方式仅以烧烤为主，王公贵族的日常饮食也很奢华。

中国古代的顶级食材

中国古代的顶级食材有：驼峰、熊掌、猴脑、猩唇（麋鹿嘴）、象鼻子、豹子的胎盘、鹿筋和犀牛尾。这些又称为“山八珍”，都是十分稀有、昂贵的山珍野味。后来，“八珍”代指稀有而珍贵的食材，其具体种类因时代和地域的不同而各有不同。

很多"八珍"中都含野生动物，然而野生动物往往携带了多种病菌，食用不慎极易感染疾病，威胁生命安全。
骆驼
熊
麋鹿
大象
我们不要羡慕古人，应该拒绝食用野生动物，保护生态环境，从我做起。
豹子
在我国，捕杀野生动物是违法行为，我们都应该遵守法律，保护野生动物，保护生物多样性。
猴子
梅花鹿
犀牛

各地不同的饮食口味

中国有句俗话，叫“南甜北咸，东辣西酸”，说的就是中国各个地方的饮食口味偏好，这和当地的地理环境有密不可分的关系。

南甜北咸

由于南方气候湿热，人们容易出汗，极易导致厌食，而甜食可以快速补充能量，所以南方人的口味偏甜。刚好中国南方多雨，阳光条件好，盛产可用于制糖的甘蔗。

北方人口味重，喜欢吃咸味食品。炒菜时，北方人喜欢多放盐和酱油，使菜肴口味偏咸。在很多家庭甚至餐餐离不开咸菜、大酱，有时候“大葱蘸大酱，煎饼卷咸菜”就可以成为一顿饭。

东辣西酸

在辣椒传入中国以前，山东近海，潮湿寒冷，所以山东人喜欢吃葱、蒜等有辣味的食物，可以让汗液更容易排出，有利于身体健康。

在中国西部，尤其是黄土高原、云贵高原及周边地区，水土中含大量的钙，所以食物中含的钙也相对较多。人们发现多吃酸性食物有利于减少体内的钙沉积，久而久之，就形成了爱吃酸的口味。

四大菜系

我们中国幅员辽阔，生活在各个地区的人们，由于地理、气候、物产、文化、信仰、历史条件的差异，在饮食口味和烹饪技艺上形成了不同的风格。清朝时，在中国众多的风味流派菜肴基础上，逐渐形成了四大菜系，即黄河下游的鲁菜、长江上游的川菜、长江下游的苏菜和珠江流域的粤菜。

1 鲁菜多用畜禽肉、海鲜、蔬菜等为原料，特点是制作风格粗犷、口味浓厚。主要流行于山东、河北、北京及东北等地。

奶汤蒲菜

2 川菜的原料多选用山珍、蔬菜、畜禽肉，特点是鲜香、醇浓并重，以麻辣见长。主要流行于四川、重庆一带。

麻婆豆腐

3 苏菜的原料以水产为主，特点是刀工精细，菜味清淡、偏甜。主要流行于江苏、上海、浙江、江西、安徽等地。

松鼠鳜鱼

4 粤菜的原料以海鲜、畜肉为主，有清、鲜、爽、嫩、滑等特点。主要流行于广东、广西、福建等地。

生蒸龙虾

“非遗”美食大品鉴

中国不仅历史悠久，美食文化也同样博大精深，再加上不同地区的人文、环境等多种因素，所以各地都有属于自己的特色美食，并且不少美食还历经多代传承，凭借独特的制作工艺成了“非物质文化遗产”。

甜蜜的味道

江西萍乡花果

原料

蔬菜瓜果的根、茎、叶、花、果实。

特色

先以切、雕、织等工艺造型，再经过蒸煮、烘干等工序制成，既有剪纸、雕塑的美感，又香甜可口。

北京果脯

原料

桃子、杏子、李子、大枣、冬瓜、生姜等果蔬。

特色

用糖或蜂蜜腌制后再加工而成，可直接食用，也可放于点心上作为点缀。

四川内江蜜饯

原料

水果、蔬菜、药材等。

特色

原料在沸水中煮过后，再放入糖汁中熬煮，最后经过储存、加热、裹白糖而成。以“色泽透明，味美香甜，入口化渣”闻名。

山西刀削面

原料

面粉。

特色

将面揉成筒状，然后站在烧开的锅前，一手托面，一手持特制的削刀，由上向下将一条条面削进锅里。刀削面外形细、薄、长，吃起来有嚼劲，搭配各种调料，更是美味无比。

河北龙凤贡面

原料

面粉。

特色

龙凤贡面又叫龙须凤尾贡面。一种面呈圆条空心状，匀净细长，看似龙须，曾作为宫廷贡品；另一种面扁条平直，薄如纸，称“凤尾面”。二者合一，被称为“龙凤贡面”。

重庆小面

原料

面粉。

特色

重庆小面是指以葱、蒜、酱、醋、辣椒等调味的麻辣素面，又分为汤面和干馏（拌面）两种类型。吃的时候，可以浇上牛肉、肥肠、鸡杂、蹄筋等，麻辣鲜香、口味浓厚，余味无穷。

江苏扬州炒饭

原料

米饭、火腿、鸡蛋、虾仁等。

特色

扬州炒饭颗粒分明，软硬有度，配料多样，吃起来鲜嫩滑爽，香糯可口。

江西丰城冻米糖

原料

糯米、饴糖等。

特色

将糯米蒸熟后冷却，再用油炒成爆米，拌上融化的饴糖，然后碾压切块即成。江西丰城的冻米糖以洁白如雪、香脆酥甜、落口消融的独特风味闻名天下。

广东沙河粉

原料

大米。

特色

沙河粉最初产于广州的沙河镇，是将大米浸泡后磨成浆，蒸成薄粉皮，再切成带状的食物。沙河粉晶莹雪白，薄而透明，韧而爽滑，有蒸、干炒、湿炒、煮、配汤等多种吃法，最受人们喜爱的是炒河粉。

四川糖塑（成都糖画）

原料

麦芽饴糖、玉米糖。

特色

将糖加热，使其变软，用捏、堆、贴、剪、按等制作方法和刻、划、点、戳等装饰手法，在光滑的大理石板上塑造出作品。糖塑既可欣赏娱玩，又可直接食用。

江西金溪藕丝糖

原料

糯米、小麦等。

特色

藕丝糖看起来就像一团洁白无瑕的藕丝，以甜、脆、香酥著称，甜而不腻，脆而不碎，入口即化。

河北藁（gǎo）城西辛庄吹糖

原料

麦芽糖。

特色

将糖加热到合适的温度后，艺人揪下一团，拉出一根细管，用嘴巴往糖里吹气，同时运用各种独特的手法塑造出栩栩如生的动物、人物等形象。

世界口味大不同

亚洲人的饮食习惯

亚洲大部分国家气候适宜，蔬果种类丰富，所以在亚洲人的饮食中，蔬果占有重要地位。

另外，亚洲人的食物中还有很多全谷物、坚果等，而动物性食物的摄入量近年来也明显增加。亚洲人还有个好习惯，那就是喝茶多、饮酒少，这对于控制体重、预防心脏病等都有良好的作用。

非洲人的饮食习惯

木薯是很多非洲人的主食，它的适应性极强，就算在贫瘠的土地上也能生长，而且一年四季都可以收获，基本不用管理。非洲人把木薯从地里挖出来，煮熟后拌上佐料食用，或者磨成粉再制成各种食品。

芭蕉也是非洲的主食之一，可以蒸着吃或煮着吃。

欧洲人的饮食习惯

欧洲主要是温带海洋性气候，这种气候有利于多汁牧草的生长，所以欧洲的畜牧业发达。在欧洲人的餐桌上，常见的食物是牛排与奶酪。当然，他们也喜欢喝牛奶。

欧洲人喜欢吃面粉做的主食，比如面包、三明治、比萨、汉堡等。

北美洲人的饮食习惯

北美洲最发达的国家是美国，那里的生活节奏很快，人们经常吃快餐，所以快餐连锁店在美国随处可见，还蔓延到世界各地。主要的快餐食品有汉堡、三明治、炸薯条等。

南美洲人的饮食习惯

南美洲是世界主要的牛肉产区，因此，牛肉是南美洲的主要食物，尤其是有着“世界粮仓和肉库”之称的阿根廷，产出的牛肉肉质鲜美，口感绝佳。

南美洲的很多人都喜欢喝马黛茶，它是用马黛树的叶子制成的。不过，他们的喝茶方法很独特，不是用嘴直接去喝，而是往茶杯里插一根吸管，慢慢地吸饮。

大洋洲人的饮食习惯

大洋洲有很多人是欧洲移民的后裔，所以还保留着一些欧洲人的饮食习惯。例如澳大利亚人，他们的食品素以丰盛和量大著称，畜肉、蛋、禽肉、海鲜、蔬菜和水果应有尽有。他们还喜欢喝红茶，尤其喜欢加上牛奶、柠檬或糖一起喝。

新西兰也是大洋洲的畜牧业大国，牛羊肉及奶制品质量上乘。因此，在新西兰人的餐桌上，基本也少不了肉和奶。

西餐印象

提到西餐，可能你首先想到的就是银色的刀叉和白色的桌布，以及透明的玻璃杯和浪漫的环境。西餐，顾名思义是西方国家的餐食，是相对于东亚地区而言的欧洲世界的饮食种类，其准确的称呼应为欧洲美食，或欧式餐饮。

常用食材

洋葱

常见的有紫皮洋葱、白皮洋葱等。紫皮洋葱味道偏辛辣，适合烹炒和煎炸；白皮洋葱一般用于制作沙拉。洋葱味道较重，拌炒后会产生一股香甜味，是西餐烹调时，增香提味的原料。

▲芦笋

通常作为配菜使用，制作蔬菜沙拉时也常用到，一般煮熟后再加入菜中。

▲甜椒

甜椒的味道温和不辣，生吃、烹煮皆适宜，是西餐中常见的配菜。

▲土豆

土豆的食用方法众多，常用的烹调方法是烧烤、水煮或油炸。

番茄

番茄种类繁多、营养丰富，可以生吃、做汤或制作酱汁。

帕玛森奶酪粉

帕玛森奶酪是最常见的奶酪，外形为轮胎式的扁圆柱状，通常磨成粗粒使用。帕玛森奶酪粉香浓的风味适用于比萨、意大利面、沙拉、浓汤或酱汁的制作。

橄榄油

特级冷榨橄榄油具有酸度低、香味独特等特性，不加热直接食用的话，可以作为沙拉酱料提升食物的口感，加入意大利面料理、各种炒菜及凉拌菜肴中也非常合适。

枫糖浆

枫糖浆是从加拿大枫树中提取出液体，将其浓缩后制成的糖浆。天然的枫糖浆具有独特的香味且没有任何添加物，是很健康的食品。枫糖浆在各种需要加糖或蜂蜜的料理中都可使用，或可代替糖加入茶、咖啡等饮品中；淋在冰激凌上或者松饼等点心上；与果酱、奶油一起涂在面包上，也能增添风味。

迷迭香

这是一种散发出淡淡苹果香的香草，味道辛辣、微苦，可以作为肉类、海鲜、鸡蛋、布丁的调味料，在包饭团时也可加入一两片迷迭香叶，使其更加美味。

▲酒醋

酒醋是以葡萄汁为基底发酵的醋，比一般食用醋更酸。红葡萄酒醋具有浓郁的香气，主要用于制作点心或酱料；在鱼类料理中，白葡萄酒醋可以去除鱼的腥味，让菜品口感更加清爽。

橄榄

橄榄分为绿橄榄和黑橄榄两种，也有加入番茄、杏仁或大蒜的制品，是一种极香且带有咸味的食材，适合作为开胃菜、肉类、鱼类，以及比萨、意大利面中的配菜。

百里香

有强烈的薄荷香味，加入火腿、香肠、鹅肉等肉类料理中，可以减少肉类的腥味；加入奶酪或者番茄料理中也别具风味。百里香味道比较刺激，可以用于炖菜、煮汤，也可以为烤肉调味。

罗勒

香气极佳，世界各地都有种植。薄荷科的罗勒与丁香味道相似，带有甜而刺激的香气，常作为料理中的香料使用，与肉类料理、沙拉、意大利面、比萨酱、炖菜、汤等均可搭配，用途很广泛。

世界各地美食代表

旅游不只是看风景，品尝美食也是必不可少的。当你去世界上各个地方旅游时，一定不要错过那些具有代表性的美食哦！

日本——寿司

寿司起源于中国，在后汉时期，这种食物取名为鲊，后传到日本，经过改良之后，成了日本的代表食物。寿司是用寿司醋调过味的饭团，再配上鱼肉或其他海鲜、蔬菜等制成的条块状食品，一般会用薄薄的烤紫菜卷成圆柱状。

寿司颜色繁多，精致美观，所含热量、脂肪较低，是健康又营养的食品。

中国——北京烤鸭

北京烤鸭是北京的传统名菜，已经有300多年的历史了。它以北京填鸭为主料，在炭火上烤制而成，特点是色泽红润、皮脆肉嫩、醇香味美。用刀将烤好的鸭肉切成片，蘸上甜面酱，加葱白、黄瓜条，用蒸好的薄饼卷成肉卷食用，非常美味。

泰国——冬阴功汤

冬阴功汤是泰国菜的代表，是一道富有特色的酸辣味汤，主要食材有柠檬叶、香茅、虾等。

在天气寒冷的时候，喝一份酸爽热辣的冬阴功汤，很快就能驱散身体内的寒气。

伊朗——烤肉串

伊朗烤肉串的制作方法和中国新疆烤羊肉串的制作方法大同小异，只是放的佐料不太一样。

伊朗的烤肉串名目繁多，但最常见的是两种烤串方式，一种是将小肉块穿成串，一种是将肉末用其他蔬菜拌匀，捏成长条的串。将它们穿在铁扦上或放在铁板上，用炭火烤熟即可。

墨西哥——卷饼

墨西哥卷饼是用一张墨西哥薄饼，把肉馅、蔬菜等卷成“U”字形的饼。墨西哥卷饼颜色绚丽，看起来就像一件艺术品。

德国——汉堡

最早的汉堡大多由两片小圆面包夹一块牛肉饼组成，现在的汉堡中除了有牛肉饼或其他肉饼外，还会在圆面包的内侧涂上黄油、番茄酱、沙拉酱等，再夹上一些蔬菜。

汉堡食用方便，营养全面，很多人都喜欢食用。

法国——吐司

吐司是一种面包的名称，是用长方形带盖或不带盖的模具制作的方形面包。这种面包切片后呈正方形，用两片面包片夹着火腿和蔬菜，就成了三明治。

给水壶洗洗澡吧

生活中，我们发现，用久的水壶中常常会“长”出一些水垢，让人感觉非常脏。这可怎么办呢？我们可以给水壶洗洗澡，让它变得干干净净、光亮如新吗？

做完下面的实验，你就知道应该怎么办了。

需要的物品

一瓶白醋

一个“长”水垢的水壶

现在就来做

1 取适量白醋，倒入有水垢的水壶里。

2 缓慢摇动水壶，使水垢与白醋充分接触。

3 浸泡一段时间后，再用自来水清洗即可。

水壶焕然一新了，这真是太神奇了！

见此图标 微信扫码

走去食物科普实验室！

这是为什么？

我们看到的水壶上的水垢，其实是水中的矿物质，成分有碳酸钙、氢氧化镁、碳酸镁、硫酸钙等，而白醋里的醋酸可以与水垢中的这些矿物质发生反应，生成可溶性的醋酸盐，从而去除水垢。

鸡蛋浮起来了

把一块石头放到水里，石头会沉下去。把一个鸡蛋放到水里，鸡蛋也会沉下去。但是，我们今天要做的小实验，却可以让本该沉下去的鸡蛋浮起来。

做完下面的实验，你就知道是怎么回事了。

需要的物品

半杯温水　一个生鸡蛋　一袋食盐　一根筷子

现在就来做

1 把鸡蛋放在水里，观察鸡蛋是否沉下去了。

2 往水里倒入食盐，食盐会慢慢溶解。

3 一边用筷子搅拌，一边加入更多的食盐。

太有趣了！鸡蛋在盐水中慢慢浮起来了！

见此图标 微信扫码

走去食物科普实验室！

这是为什么？

鸡蛋会沉入水中，是因为水的密度小，鸡蛋受到的浮力小于重力。我们不断往水中加入食盐，盐水的密度会不断增大，鸡蛋受到的浮力也会增大。当浮力大于重力时，鸡蛋就漂浮在水面上了。

小·画家笔下的美食

茄子

1 左手握拳，按图中的方式摆放在一张白纸上，用笔画出轮廓。

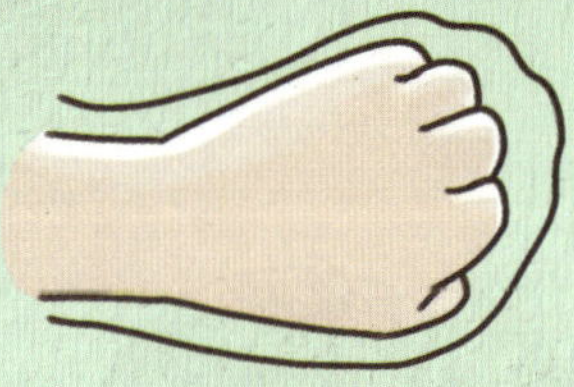

2 用笔画出一条折线，把左边的缺口封起来。

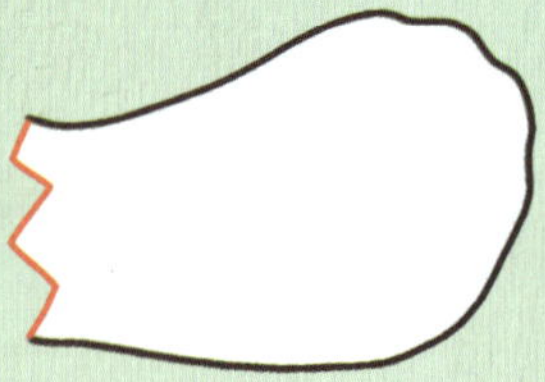

3 在折线左边再画一条弧线，一个茄子的轮廓就差不多完成了。

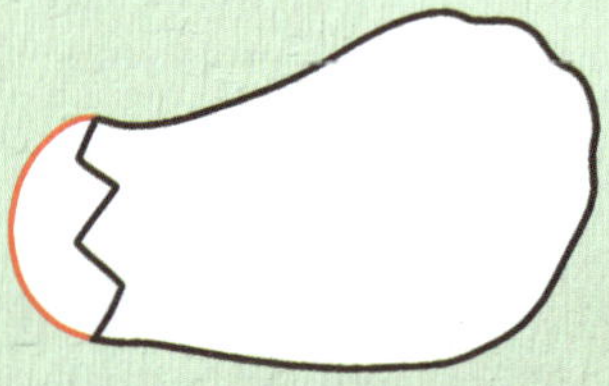

4 给茄子画上一个短短的蒂。

5 在茄子上面随意画出两笔，让它看起来亮闪闪的。

6 在茄子底部画上一个盘子，然后用水彩笔给茄子和盘子涂上颜色，一个可爱的茄子就画完了。

小提示

茄子可以炒、蒸、煮着吃，也可以油炸、凉拌、做成汤食用。夏天吃茄子可以清热解暑，还可以防止长痱子。

菠萝

扫码领取
- 动画科普课堂
- 食物探究实验
- 蔬菜观察日记

1 左手五指张开，手心向下，画出手掌上半部分的轮廓。

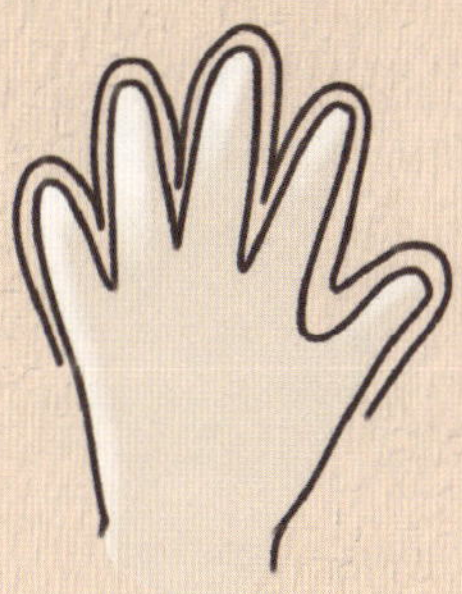

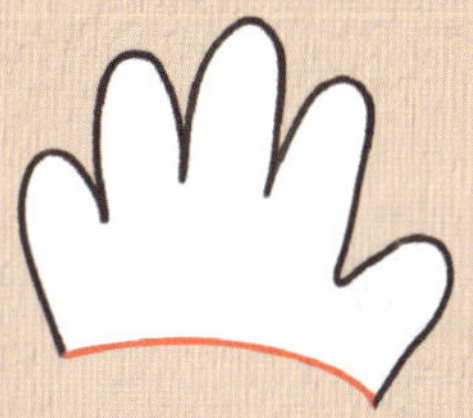

2 用笔画出一条弧线，把轮廓下面的缺口封起来。

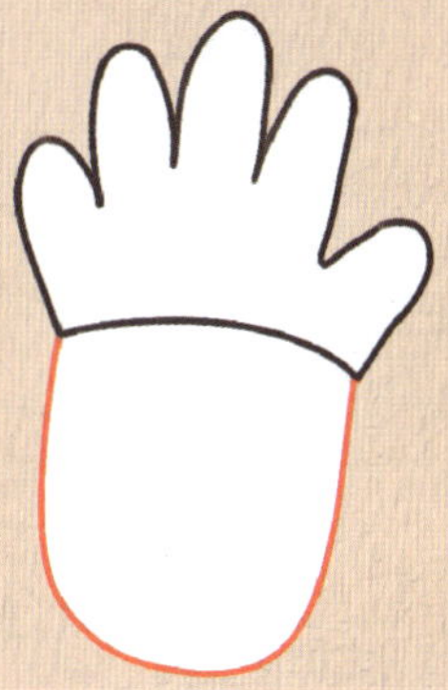

3 画出菠萝圆滚滚的身体。

4 画出菠萝上面尖尖的叶片。

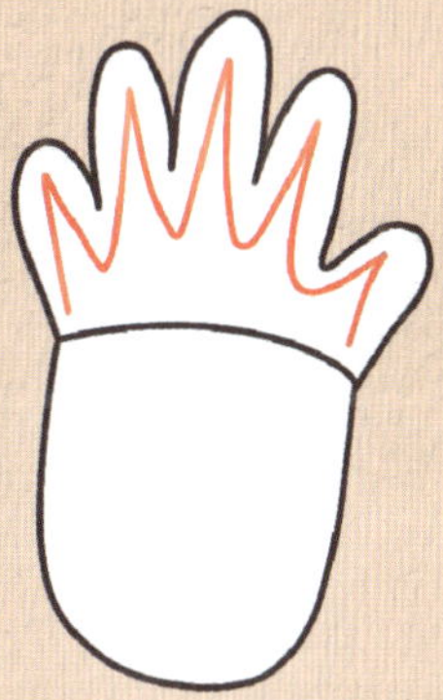

5 在菠萝的身体上画出一些斜着的格子。

6 在每个格子里画上一小段折线，表示菠萝身上的小突起，然后用水彩笔给菠萝涂上颜色，菠萝就画好了。

小提示

菠萝是一种热带水果，含有丰富的维生素C。菠萝切好后，可以先用淡盐水浸泡一会儿，这样吃起来就不会觉得涩了。

古诗词中的美食

荔枝

过华清宫绝句·其一

[唐] 杜牧

长安回望绣成堆，
山顶千门次第开。
一骑红尘妃子笑，
无人知是荔枝来。

美食盘点

荔枝原产于中国，是一种味道甜美的水果，与香蕉、菠萝、龙眼并称为“南国四大果品”。在没有冰箱的古代，荔枝被采摘离开枝头后，品质就会越来越差，所以起名“离枝”，东汉时期才取其谐音，称为“荔枝”。

河豚

惠崇春江晚景

[北宋] 苏轼

竹外桃花三两枝，
春江水暖鸭先知。
蒌蒿满地芦芽短，
正是河豚欲上时。

美食盘点

河豚身体较短，呈纺锤状，头腹肥大，尾部较细，皮面平滑无鳞，背部多为黑灰色，腹部为乳白色。河豚肉味鲜美，营养丰富，但身体里却含有剧毒，如果烹饪过程中处理不当，可能会使食用者中毒，甚至死亡。

鲈鱼

江上渔者

［北宋］范仲淹

江上往来人，
但爱鲈鱼美。
君看一叶舟，
出没风波里。

美食盘点

鲈鱼自古以来一直受到人们的喜爱。它肉质鲜美细嫩，没有异味，营养价值高，含有丰富的蛋白质、维生素及钙等微量元素。鲈鱼的众多做法中，以清蒸最为经典。

鳜鱼

渔歌子

［唐］张志和

西塞山前白鹭飞，
桃花流水鳜鱼肥。
青箬笠，绿蓑衣，
斜风细雨不须归。

美食盘点

鳜鱼又叫季花鱼、鳌花鱼、桂鱼，是一种凶猛的肉食性鱼类，嘴大鳞细，肉质细嫩，味道特别鲜美。

梅子、杏子

四时田园杂兴·其二十五

［南宋］范成大

梅子金黄杏子肥，
麦花雪白菜花稀。
日长篱落无人过，
惟有蜻蜓蛱蝶飞。

美食盘点

梅子是果梅树结的果，也叫青梅，外皮光滑，呈青绿色，成熟后为黄色，果肉肉质肥厚。

杏子是杏树结的果，外形圆润，成熟后颜色为金黄色，口感甘甜。

美食小魔术

飘起来的小圆面包

当你在表演这个魔术时，餐巾下的小圆面包会从桌上晃晃悠悠地飘起来。你伸手去抓，却怎么都抓不到。

记住，你要用表情告诉大家：看吧，就是这么神奇！

需要的道具

一个盘子

一个小圆面包

一块厚的不透明的餐巾

一把叉子

现在就来做

1 坐在椅子上，向观众展示手上的餐巾和放在盘子里的小圆面包。双手食指露在外面，捏住餐巾两角。

2 在餐巾后面，右手的手指捏住叉子，但要注意不要让观众看到。

3 用餐巾盖住小圆面包，同时将叉子插在小圆面包上。

见此图标 微信扫码

走去食物科普实验室！

4 慢慢用叉子把小圆面包顶起来。从观众的角度看，就好像是小圆面包在餐巾下飘起来了。

5 上下左右移动面包，使它看起来像在随意飘动。

6 表演一会儿后，用左手抓住小圆面包，拔出叉子。

7 假装小心地把小圆面包放回盘子，掀开餐巾，同时偷偷将叉子从桌边放到大腿上。

8 把叉子藏好后，再随意地把餐巾往桌上一扔，魔术就完成了。

扫一扫，让科学走出书本，走进生活>>>>

扫码玩转

厨房里的小实验

学1000次不如动手做1次

看动画

1分钟学会
1个食物小知识

做实验

10节课带你
探索食物的奥秘

写日记

观察记录蔬菜的生长变化

亲子食育小课堂

为什么要吃东西呀

刘 璐◎主编

吉林科学技术出版社

图书在版编目（CIP）数据

亲子食育小课堂．为什么要吃东西呀 / 刘璐主编．— 长春 : 吉林科学技术出版社，2023.10

ISBN 978-7-5744-0871-5

Ⅰ．①亲… Ⅱ．①刘… Ⅲ．①饮食—文化—中国—儿童读物 Ⅳ．①TS971.202-49

中国国家版本馆 CIP 数据核字（2023）第 182681 号

为什么要吃东西呀 WEISHENME YAO CHI DONGXI YA

主　　编　刘　璐
策 划 人　于　强
出 版 人　宛　霞
策划编辑　穆思蒙　张　超
责任编辑　王聪会
内文制作　斯塔熊
幅面尺寸　226 mm × 240 mm
开　　本　12
字　　数　45 千字
印　　张　3.5
印　　数　1– 6 000 册
版　　次　2023 年 11 月第 1 版
印　　次　2023 年 11 月第 1 次印刷
出　　版　吉林科学技术出版社
发　　行　吉林科学技术出版社
地　　址　长春市福祉大路 5788 号出版大厦 A 座
邮　　编　130118

发行部电话 / 传真　0431–81629529　81629530　81629531
81629532　81629533　81629534
储运部电话　0431–86059116
编辑部电话　0431–81629517
印　　刷　长春新华印刷集团有限公司
书　　号　ISBN 978-7-5744-0871-5
定　　价　98.00 元（全四册）

写给小朋友的话

亲爱的小朋友，欢迎来到食物王国！

说起食物，我们再熟悉不过啦！古代圣贤曾经说：“民以食为天。”意思是：百姓安居乐业的首要条件是吃饭。而今，我们几乎处处都可以见到食物的身影——餐桌上，摆放着家人为你精心准备好的一日三餐；超市里，琳琅满目的零食让你爱不释手；果园里，鲜嫩多汁的水果令你垂涎欲滴；……

现在，我要问问你：你知道食物有哪些小秘密吗？食物除了能让我们填饱肚子，还有哪些“超能力”呢？食物味道为什么各不相同呢？我们到底为什么要吃东西呀？

请你好好想一想，你能想到答案吗？

不知道也没关系，我来告诉你该怎么做——打开摆在你面前的这套书，这些答案，我们会在书里一一为你展现，相信你一定会恍然大悟：哇！原来是这样！真的好有趣啊！

还在等什么？现在立刻动动小手翻开它吧！

目录

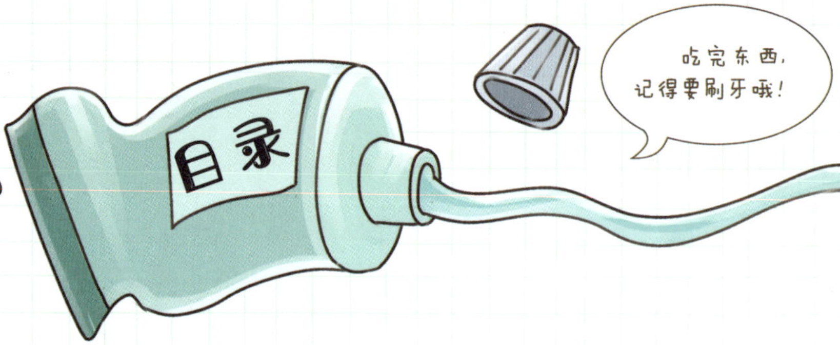

6 向食物要健康

26 饮食习惯与健康

34 最强实验王

38 美食大观园

五大营养素构成生命的基础

人类可以维持机体生存、生长发育和繁殖，要感谢身体内的“五大卫士”——蛋白质、脂肪、碳水化合物、矿物质和维生素，正是这五大营养素构成了我们生命的基础。

蛋白质

蛋白质在人体的肌肉组织中含量最高，人体只有补充了充足的蛋白质，才能维持身体正常的新陈代谢，抵抗病毒和细菌，产生抗体，即使生病也较容易恢复健康。如果蛋白质供给不足，会导致体重下降，容易贫血、感染疾病，受到创伤或遭遇骨折，伤口也不容易愈合。

怎样补充蛋白质最有效呢？

部分富含蛋白质的食物，也富含脂肪，为了增加蛋白质的摄入，限制脂肪的摄入，建议首选大豆蛋白质，其次是鱼类、蛋类、乳制品及瘦肉类。

另外，粮食也是蛋白质的主要来源之一。粮食中的蛋白质含量和质量虽不高，但每天吃100克粮食，也可以得到10克左右的蛋白质。

脂肪

脂肪是人体必不可少的“燃料”，就像汽车飞驰离不开汽油一样，我们身体的运行也离不开脂肪。脂肪不仅能给我们的身体提供能量，而且能帮助生成具有生理活性的成分，比如，肠道里的有益菌，就需要有脂肪才能繁殖。另外，脂肪还可以保护人体的内脏！

“五大卫士”

碳水化合物

碳水化合物是人体获取能量的主要来源。人体每天有55%～65%的能量来源于碳水化合物。我们所获取的能量不仅能够为身体所用，还能够储存在肝脏和肌肉中，当人体需要的时候再随时调动出来供能。

碳水化合物的主要食物来源有：蔗糖、谷物（水稻、小麦、玉米、大麦、燕麦、高粱等）、水果、坚果、蔬菜等。

矿物质

矿物质又叫无机盐，是人体内无机物的总称。人体内的矿物质有常量元素和微量元素两大类，常量元素包括钙、磷、钾、钠、氯、硫、镁7种，微量元素主要有碘、锌、硒、铜、铬、钼、铁等。我们常吃的蔬菜、水果中都含有丰富的矿物质，而喝水则是身体获取矿物质最直接的方式。

维生素

维生素是维持人体健康的重要营养素，种类非常多，不同种类的维生素具有不同的功效，如维生素A可维护眼睛健康，维生素C具有抗氧化作用……维生素主要来源于新鲜的蔬菜、水果以及豆类。

奇妙的水

很多人只有在口渴的时候才喝水，其实这是不科学的。难道喝水还有讲究吗？没错，要想把身体维持在一个健康的状态，喝水可是一门大学问！

从饮水量上看，一般情况下，一个成年人每天应饮用1～1.5升的水，才能和人体一天消耗的水量维持平衡。这样既能稀释血液，降低血液黏稠度，又能调节血压和血脂平衡，对人体健康非常有利。

口渴难忍时，如果一次性大量饮水，对身体是非常不利的。因为大量水分被吸收到血液后，会导致血液中的氯化钠浓度降低，严重时会导致水中毒。一般情况下，少量多次饮水比较好。

饮用水有很多种，一般人认为喝纯净水比较好，但这个观点是错误的。购买瓶装水时，建议选择矿泉水，矿泉水中含有一定量的矿物质，可以确保身体摄入更多的矿物质元素。

喝水时，水的温度也很重要。喝了太凉的水，会使胃肠黏膜的毛细血管收缩，引起胃肠不适或绞痛，甚至是腹泻；喝了太烫的水，会破坏食道黏膜和刺激食道黏膜增生，甚至诱发食道癌。35 ~ 40℃的温水，是胃肠道感觉最舒服的。

有人怕喝水太多会经常上厕所，就忍着不喝水，或憋着不排尿，都是不可取的。在多喝水的过程中，膀胱的存储量会慢慢增加，上厕所的次数也会随之减少，而每天喝 1 ~ 1.5 升水，上 7 ~ 8 次厕所，都是正常的新陈代谢。

其实固态食物中含有的水分比我们想象得还要多。即使是干的食物，如面包等，也是含有水分的，而这些水分来源也是不容忽视的。多汁的水果和蔬菜，如芹菜、黄瓜、番茄、桃和西瓜，都含有超过 90% 的水分。

关于纯净水的谣言

很多人家里都安装了净水器，或者饮用购买的桶装纯净水，很多家庭不再用自来水烧白开水喝。不过，网络上又流传出了许多关于纯净水不健康的谣言，让人们很是疑惑。那么，饮用纯净水是否真的有害健康呢，让我们一起去看一看吧！

谣言 1：纯净水使体液变酸

人体体液正常的 pH 值在 7.35 ~ 7.45 之间，为弱碱性。网上传言长期喝纯净水，会使人的体液变酸，对健康不利。事实上，纯净水经过人体胃液调和、肠道吸收，并不会改变脏器或其他组织的 pH 值。

谣言 2：纯净水导致营养流失

营养素流失和环境、年龄、运动量、体质等都有关系，并不是由喝水决定的，所以营养元素不会被纯净水冲刷而流失。

谣言 3：喝纯净水导致缺钙

纯净水中确实没有钙，但喝纯净水并不会导致缺钙，因为食物才是人体获得钙的主要途径。在众多食物中，奶及其制品、花生、黑芝麻、紫菜、黑木耳、小白菜等食物的钙含量丰富且吸收率较高，我们可以多多食用。

谣言 4：纯净水含防腐剂

在盛水容器密封的情况下，外界的空气和微生物不可能进入容器内部，所以桶装或瓶装的纯净水中，是没有必要添加防腐剂的。不过，它们一旦开封，最好在 2 周内喝掉，否则空气中的细菌就会进入水中。

谣言 5：外国人不喝纯净水

网上传言，外国人是不喝纯净水的，以此证明喝纯净水对身体不利。事实上，饮用纯净水在德国、英国、美国、澳大利亚、墨西哥、印度尼西亚、加拿大等国均有销售，而且是被消费者普遍接受的产品。

白开水就是最健康的饮料

目前市场上，蒸馏水、太空水、离子水、电解水、富氧水、纯净水等水产品泛滥，使得消费者难以选择。专家建议：饮用有一定硬度，并含有一定量溶解性固体的、pH 值偏碱性的井水或自来水，对人体健康最有益。所以，对我们大家来说，自来水烧开后晾凉的白开水就是最健康的饮料。

一日三餐

现在，一日三餐已经成为我们大部分人习以为常的事情。其实在秦汉以前，一日三餐是贵族才能享受的特权，那时普通百姓一天只吃两顿饭，主要原因就是当时农业不发达，粮食有限。

魏晋以后，一日两餐开始发展为一日三餐，但一日三餐真正流行的时间其实是宋朝。宋朝经济繁荣，酒肆不再像唐朝那样被约束在市坊中间，而且不再实行宵禁，夜生活十分丰富，所以在原来两顿饭的基础上，人们又加了一顿。

虽然后来“三餐制”已经普及，但“两餐制”仍普遍存在，一直持续到清末，甚至到了今天，有的地方仍然是一天吃两顿饭。

近代以来，随着 8 小时工作制的出现，在上班前、午休时间和下班后正好出现了三个吃饭的黄金时间，从而进一步强化了一日三餐的用餐习惯。

在如今，社会物资丰富，人们在饮食上不再只求温饱，对一日三餐也有了更高要求。

古时候的“宵禁”

在古代，宵禁是一种常规的管理制度，就是在夜间关闭城门和坊门，禁止夜行，百姓只能在家中或坊内活动，严禁随意聚会游走。在我国古代，除了晚唐、五代十国和宋朝这几个时期，大多数朝代都有着严格的宵禁制度。

一日三餐怎样吃

早餐

经过一晚上的睡眠，人的空腹时间较长，所以早餐千万不可忽视。很多人不重视早餐，甚至没有吃早餐的习惯，这对肠胃的伤害是极大的。早上，我们刚从睡梦中醒来，身体的消化功能还没有完全苏醒，所以早餐应多吃易消化的食物，并且要营养丰富。一般来说，早餐最好包含谷类、蛋类、奶类，以及蔬菜、水果类食物。

午餐

午餐应该是一天之中最丰盛的，要保证有充足的肉类、蛋类及豆类食物，因为这些食物不仅含有丰富的优质蛋白质及矿物质，同时还含有较高的能量。另外，我们还要吃足量的蔬菜，使身体获取丰富的维生素、矿物质、水及膳食纤维。

晚餐

晚饭后活动时间短，活动量又较小，尤其是一到冬天，人们更加不爱运动，所以晚餐不应该过于丰盛，以避免热量在体内蓄积，造成肥胖。

合理的膳食规律还可以保证我们消化系统的正常功能，从而提高其对营养的吸收利用率。

张大嘴巴吃东西

人是由细胞组成的，细胞要维持活性，就要不停地消耗能量。人体内的能量被消耗后，需要及时补充。可人是动物，不能像植物一样进行光合作用，所以需要从外界摄取能量，最好的补充方式就是吃东西。

“饿”和“饱”

“饿”和“饱”都是一种感觉，是由人脑调节控制的。人的下丘脑有控制食欲的神经中枢，分为摄食中枢和饱食中枢。人饿的时候，血液中的葡萄糖会减少，人体会自动燃烧脂肪获取能量，导致血液中的游离脂肪酸增多，从而刺激摄食中枢，让人产生饥饿感；人吃饱以后，血液中的葡萄糖会迅速增多，从而刺激饱腹中枢，让人产生饱腹感。

平衡膳食

如果天天吃一成不变的食物，会让人厌烦，而且对健康也是不利的。为了保持健康，我们应该每天至少吃 5 种新鲜水果和蔬菜。科学家研究后发现，每天摄入一定量的水果和蔬菜有助于降低日后发生严重疾病的概率。

口腔

口腔是消化系统的第一部分，里面有牙齿和舌头，还有 3 对唾液腺，能把滑溜溜的唾液分泌到嘴里，润滑食物。食物经过咀嚼变成黏浆状，然后被推到咽部吞下，再经食管送到胃里。

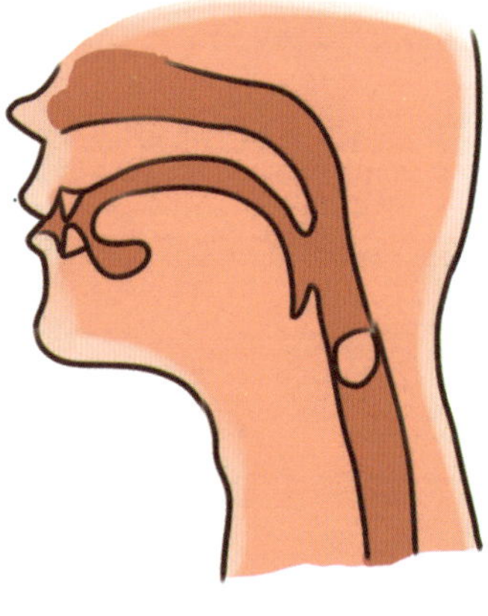

动画科普课堂
食物探究实验
蔬菜观察日记
扫码领取

消化是要花时间的

我们把食物嚼烂，从嘴里送到胃里，只需要短短的几秒钟。可是，这些食物要在我们体内被完全消化，让我们尽可能多地吸收营养物质，却至少需要两天的时间。

你不相信吗？那就请看一看右侧的消化道示意图吧！

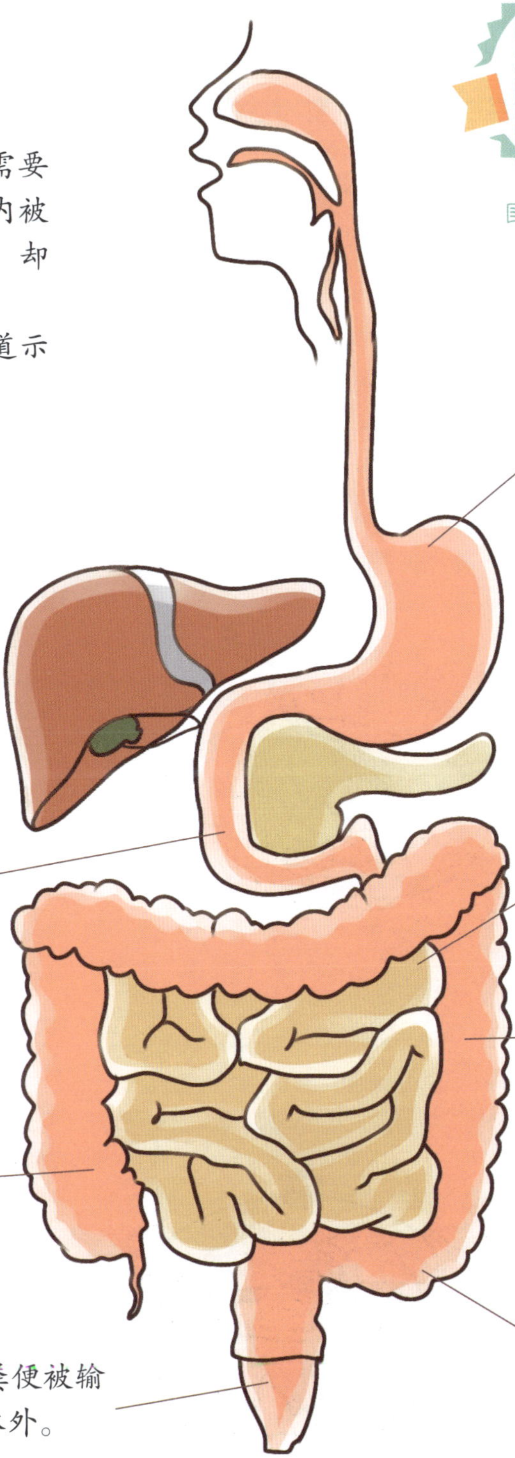

00:00:10

吞咽后10秒钟，食物被送到胃里。

03:00:00

食物在胃里被处理成乳脂状的半流体，然后被送入小肠。

06:00:00

小肠会尽可能将食物消化，并充分吸收里面的营养物质。

08:00:00

不能被消化的废物被输送到大肠。

20:00:00

不能被消化的废物通过大肠时，水分会被吸收。

失去水分后，不能被消化的残渣会变成半固体的粪便。

32:00:00

吃东西后20～44小时，粪便被输送到直肠，随后被排出体外。

“超人”妈妈的“厨房魔法”

“超人”妈妈有神奇的“魔法”，她能把看上去普普通通的食材变成香喷喷的饭菜。妈妈是怎样使用“魔法”的呢？让我们一起去看看吧！

怎样做家常菜

家常菜的做法主要有炒、炖、蒸、煮。

炒

炒菜时，将原料用刀切成丁、丝、条、块等，然后在热锅中放入适量的油，依次或一起把原料倒入锅内，快速翻炒。用炒的方法烹制的菜肴，有滑嫩柔软、清淡爽口的特点。

炖

炖菜时，先在锅里放入适量的油，烧热，下入葱段、姜片等，煸炒出香味，再加入汤或水，投入原料，用大火烧开，撇去浮沫，加入调味料，再用慢火炖至熟透。炖需慢火，时间长，所以适合质地较老、体形较大的原料，如鸡、鸭、鱼等。

煮

煮菜与炖菜类似，是把各种肉类、菜类放入盛清水的锅内，烧开，再用小火煮到肉熟、汤味浓厚为止。煮肉菜时，可以只放葱、姜，食用时再拌上其他调味品。煮的烹饪方法比较简单，味道清淡可口。

蒸

蒸食物时，把原料放在蒸屉上，锅里放入清水，盖好盖子，就可以用加热清水产生的高温蒸汽使食物变熟。这种方法省时简便，而且能保存食物的营养。

快来学一学

让米饭更好吃的秘密

煮米饭时，舀一小勺植物油放进电饭煲里，和米搅拌均匀，这样煮出来的米饭香甜软糯，口味更佳。

煮出美味的面条

先把水烧开，然后在锅里加入少许盐，再下入面条。这样面条会熟得更快，而且更柔软。

不爱吃葱、姜怎么办

你是不是不爱吃葱、姜？但是葱、姜又是去腥提鲜的利器。没关系，可以把葱、姜切成稍粗的丝放到菜里，做好菜后挑出不吃，或者把葱、姜切成末，放到温水中泡成葱、姜水，做菜时稍微倒一点葱、姜水进去就可以了。

煮鸡蛋

先把鸡蛋放入冷水锅中泡一会儿，再用中火煮沸，蛋壳就不易破。如果喜欢吃溏心蛋，水开后煮 5 分钟就行了。要注意的是，鸡蛋不要煮得太久，超过 10 分钟，鸡蛋内部就会发生一系列化学反应，营养价值也会降低。

蔬菜、水果、薯类都要吃

蔬菜和水果是人们熟知的食物，但很多人只爱吃其中的一部分，对那些不合口味的向来是敬而远之。其实，每种蔬菜、水果中都含有不同的维生素，这些维生素都有利于维持身体健康。

蔬菜与水果

我们常吃的蔬菜、水果中含有丰富的维生素、矿物质和膳食纤维。如常见的白菜、油菜、芹菜、茴香等绿色叶菜，是维生素 C、钙、磷、钾、镁、铁及膳食纤维的重要来源。黄瓜、萝卜、番茄等蔬菜中营养物质的含量虽不如绿叶菜多，但这些蔬菜可以凉拌或生吃，这种食用方法可以减少营养元素的损失，所以也是身体摄取营养的良好来源。

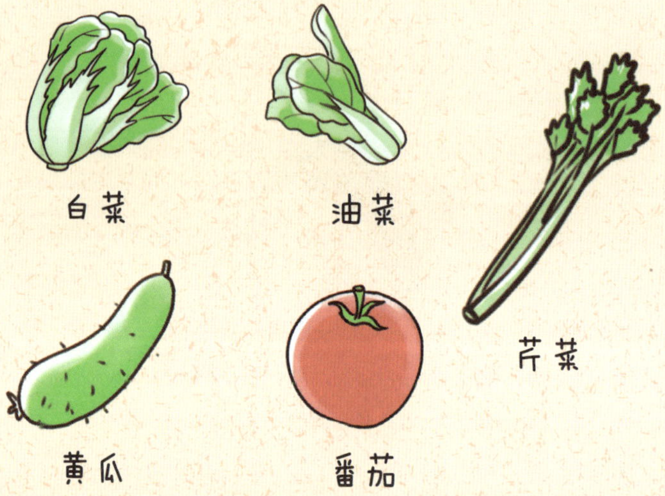

蔬菜、水果不但可以为人体提供丰富的微量元素、维生素和膳食纤维，还有利于鱼肉、畜肉、蛋等食物中蛋白质的消化吸收。有研究表明，单独吃肉类食物，蛋白质消化吸收率为 70%，同时吃蔬菜、水果的话，蛋白质消化吸收率能提高到 80%～90%。

水果和蔬菜相比，营养物质的含量相对较少。除鲜枣、山楂、猕猴桃、柑橘等营养物质特别丰富外，很多水果的营养物质含量都不如蔬菜，尤其不如绿叶蔬菜。不过，水果中含有的葡萄糖、果糖、柠檬酸、苹果酸等物质却远比蔬菜丰富，比如，猕猴桃、刺梨、沙棘、黑加仑等。经常吃不同种类的水果，可以获得丰富的微量元素，对人体的健康非常有益。

总之，水果和蔬菜的营养价值不同，不能互相代替。

薯类

薯类包括土豆、红薯、山药、芋头等，是传统膳食的重要组成部分。它们除了可以为人体提供丰富的碳水化合物、膳食纤维及B族维生素外，还含有较多的微量元素。

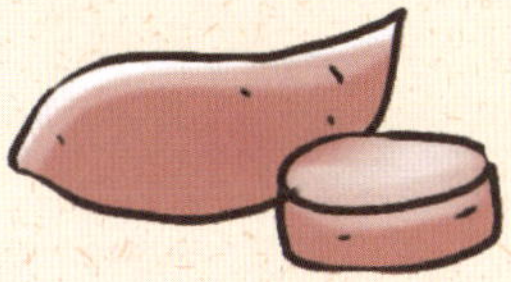

红薯

土豆

芋头

山药

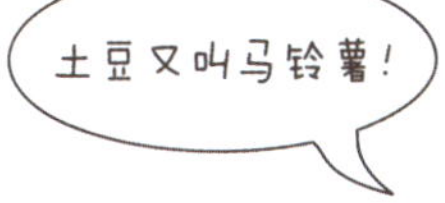

近年来，随着生活方式的改变和生活水平的提高，人们食用薯类的次数大大减少了，其实，这是一种不良的趋势，应当注意多吃些薯类，保证营养均衡。

薯类含有丰富的膳食纤维，如纤维素、半纤维素和果胶等，能帮助肠道内的益生菌健康生长，还可促进肠道蠕动、润肠通便，有效预防便秘。

炸薯条

炸薯片

拔丝红薯

不过，需要注意的是，薯类虽然对我们的身体有好处，但也不能过量食用，尤其是有些烹饪方式做出来的薯类食品是不太健康的，比如，炸薯片、炸薯条、拔丝红薯、拔丝土豆等，这类食物高油高糖，不仅对预防便秘没有帮助，过多食用还会增加超重和肥胖的概率。

餐桌上的彩色健康食物

吃饭的时候，你注意到餐桌上的彩色食物了吗？它们不但看着漂亮，而且营养也十分丰富。下面，就让我们一起去看看这些“有色”食物里面藏着的营养小秘密吧！

黄色食物

黄色的果蔬富含维生素A和维生素D，维生素A有保护胃肠黏膜的功效，可以防止胃炎、胃溃疡等疾病的发生；维生素D可同时促进钙、磷两种矿物质元素的吸收，进而起到壮骨强筋的作用。

黄色的玉米含有较多的粗纤维，能缓解便秘，降低胆固醇；黄豆富含蛋白质；杏子是一种微寒性食物，可以生津止渴、润肺化痰、清热解毒。

紫色食物

常见的紫甘蓝、茄子及紫菜都含有天然色素——花青素，具有抗氧化性，能保护人体皮肤，延缓衰老。

红色食物

红色蔬果是保护人体健康的好助手，如红辣椒、番茄、红枣、山楂等，多食用红色食物可以增加人体内巨噬细胞的活力，巨噬细胞能吞噬和杀灭体内的感冒病毒等致病微生物。

扫码领取

- 动画科普课堂
- 食物探究实验
- 蔬菜观察日记

绿色食物

绿色食物含有大量的维生素和纤维素。钙元素有“生命元素”的称号，而绿色食物就是钙元素的最佳来源，其具有重要的防癌、防病和增强人体免疫力的作用。

白色食物

白色食物，如大米、面粉等，是富含碳水化合物食物的代表；牛奶、豆腐中含有大量钙质；鱼肉的蛋白质含量高，肌肉纤维细短，比畜禽肉更容易消化。这些白色食物对人体健康都很有益。

黑色食物

黑色食物有“长寿食品”之称，比如，黑米中含有17种氨基酸，还含有丰富的维生素和微量元素，对病后体虚及贫血等有很好的补养作用。

给你一份快乐食谱

在日常生活中，我们难免会有情绪特别糟糕的时候。对于坏情绪，你有什么应对方法呢？其实，食物就可以改变人的情绪。当你情绪不好时，不妨去厨房找一找“灵丹妙药”。

情绪对人的影响

情绪会给人带来许多感受：它会使人精神焕发，也会使人萎靡不振；它让人时而冷静，时而冲动；它会让人理智地去思考，也会让人失去控制、暴跳如雷；它让人有时觉得生活充满了甜蜜和幸福，有时又感觉生活是那么沉闷无味、抑郁和痛苦。情绪存在于每个人心中，而且在不同时期、不同场合产生着不同的效果。

人的情绪对健康影响较大，愉快的心情会给人以正面的刺激，有益于健康；而苦恼消极的情绪会给人负面的影响，容易诱发各种疾病，也可能使原有的病情加重。

事实上，良好的情绪可使人体生理功能处于最佳状态，使免疫系统发挥最大的抗病效应，从而抵抗疾病的袭击。许多医学家认为，躯体本身就是良医，85%的疾病可以自我治愈。因此，有的心理学家把情绪称为“生命的指挥棒”“健康的晴雨表”。

快乐食谱

人在一生中，大约要吃掉 60～70 吨食物。这些食物在人体内分解、吸收，然后被排出体外，有些成分可以直接刺激人的神经系统，从而左右人的情绪；有些则通过影响人的健康状况，间接左右人的情绪。

一份包含足够碳水化合物、必需的脂肪、氨基酸、维生素、矿物质和水的膳食，能够帮助人们改善消极情绪。在你心理压力比较大，心情不好时，体内消耗的维生素 C 会比平时多 8 倍，这时，如果吃点含有维生素 C 的新鲜水果或蔬菜，或适当吃些维生素 C 片，都能让你的心情变得更加舒畅。

当你着急烦躁时，很容易发火，那就需要吃一些富含钙质的食物，如牛奶、乳酪、鱼干及虾皮等，或者直接服用肠道容易吸收的钙片。过不了多久，你可能就会发现自己的脾气渐渐变得好起来了。

把食物边角料变废为宝

请你仔细思考一下，妈妈在做饭时或我们在吃饭时，是不是扔掉了很多自以为没用的东西？例如，择芹菜时扔掉的叶子，吃橘子时被摘得干干净净的橘络，吃排骨时被吐掉的脆骨……其实，这些被丢弃的东西都含有丰富的营养！先不要感到吃惊，让我们一起了解一下吧！

芹菜叶比芹菜茎有营养

曾经有人对芹菜的茎和叶片进行过13项营养成分测试，结果显示：芹菜叶中胡萝卜素的含量是茎的88倍，维生素C的含量是茎的13倍，维生素B_1的含量是茎的17倍，蛋白质的含量是茎的11倍，钙的含量超过茎的2倍，所以，芹菜叶的营养比芹菜茎的营养有过之而无不及，只吃茎不吃叶的习惯是时候要改掉了。

橘络

不少人在剥橘皮时，总要将橘瓣外面的白色经络摘掉，认为这样吃才健康。其实，这是个很不好的习惯。橘络中含有一种名为“芦丁”的营养素，能使人的血管保持正常的弹性和密度，减少血管壁的渗透性，防止脑出血的发生。平时有出血倾向的人，特别是有血管硬化倾向的老年人，应该多吃橘络。

辣椒叶

辣椒的叶子含有非常丰富的钙质、胡萝卜素、多种维生素和其他营养物质。食用辣椒叶可以起到祛寒暖胃、补肝明目、减肥美容的作用。

此外，吃辣椒叶还能促进人体胃液的分泌，从而增进食欲，非常适合有胃弱、消化不良、肠胃胀气、胃寒痛等症状的人食用。

骨头

营养专家把猪骨头、猪肉、牛肉和奶粉里的营养成分进行了对比，发现猪骨头中的蛋白质含量比奶粉高出23%，是猪肉的2倍，比新鲜牛肉还高出61%。营养专家还发现，任何食物中的磷、钙含量，都没有猪骨头多。

因此，当你吃到猪骨头的时候，特别是脆骨、软骨之类能被咬动的骨头，一定要把它吃进肚子里。另外，经常喝骨头汤可以促进骨骼的生长发育，儿童常喝可以促进身高增长，中老年人常喝可以防止骨质疏松。

鱼眼

鱼的眼睛，尤其是金枪鱼科鲔鱼的眼睛，被视为与鱼翅和鲍鱼齐名的餐桌珍品。

鱼眼中富含DHA(二十二碳六烯酸)和EPA(二十碳五烯酸)等不饱和脂肪酸，能够激活人的脑部细胞，强化记忆力和思维能力。多吃鱼眼不仅可以防止记忆力衰退，防止阿尔茨海默病，而且对降低胆固醇也有很大的帮助，甚至对高血压等多种疾病都有很大的益处。

细嚼慢咽助消化

你在吃饭的时候，是“囫囵吞枣”式还是“细细咀嚼”呢？也许是受生活节奏加快的影响，吃饭时“细嚼慢咽”的饮食习惯已经被人们遗忘，很多人一口食物最多咀嚼七八次，少则咀嚼四五次就咽了下去。然而大家可能忽略了，咀嚼是维持我们身体健康的关键一步，好的咀嚼习惯是不应该被忽视的。

先说一个让人吃惊的事：咀嚼时分泌的唾液，能减少亚硝酸化合物对细胞的攻击，能改变细胞的突变计划。只要细细咀嚼 30 秒，就能使致癌物质的毒性降低。

唾液是促进食物消化的帮手，细细咀嚼能使食物与唾液得到充分结合，而且多次咀嚼能把食物磨得更加精细，使胃可以充分吸收食物的营养，使食物的作用发挥到最大。

此外，在咀嚼时分泌的唾液为碱性，能够中和口腔里的酸，对预防龋齿起着至关重要的作用。咀嚼还能刺激耳下腺，保持腮腺激素的分泌，使血管和皮肤等组织保持活力与弹性，缓解其承受的压力。

咀嚼还有锻炼脸部肌肉的作用，有利于刺激脑部的激素分泌，为血液源源不断地输送到脑部提供保证。同时，它还有利于激活大脑，使大脑的思维能力和工作效率得到显著提高。

如果吃饭速度太快，很难体会到食物的滋味，长此以往会降低食欲。

如果在吃饭的时候，饭菜尚未嚼烂就吞咽下去，看似节省时间，实则会加重胃的负担，需要胃花更大的力气去“捣碎”食物，会导致消化不良，造成胃肠道的各种疾病，影响身体健康。

在日常生活中，如果你养成细嚼慢咽的好习惯，就会发现这样可以更加充分地享受美味带来的愉悦感，从而缓解紧张和焦虑的情绪，让你心情舒畅。

通过试验人们发现，细细咀嚼对健康有着重要的作用，所以，咀嚼不可草草了事，要达到一定的次数。一般而言，一口食物在嘴里至少要咀嚼 25 次，才能使唾液充分发挥作用，咀嚼 30 次最为理想。

快吃甜食慢吃酸

你在吃糖时，是不是喜欢含在嘴里，使其慢慢融化？这是大部分人的习惯，但你可能不知道，这种吃糖的方法其实是有害的。

糖吃多了会牙疼

大人有没有告诉过你，糖吃多了会牙疼？其实，这不是大人随口吓唬你的话，而是有一定根据的。龋齿的发生，与甜食有着密切的关系。

在人的口腔中，有一种乳酸杆菌，可以让糖发酵产生乳酸，所以，糖在嘴里的时间越长，产生的乳酸就会越多。乳酸滞留在牙齿表面和窝沟中，会使牙齿表面的釉质受到严重损坏，其中的某些细菌还会使牙齿中的蛋白质溶解形成龋洞。当然，除了糖，吃其他甜食时，我们也应该让它在口腔里停留的时间越短越好。

正确吃糖，有利健康

糖是人体重要的能量来源，但如果吃得太多，就可能引发龋齿，或使人变得肥胖，不利于健康。如果我们掌握好吃糖的时机，就能既发挥其有益作用，又可避免其不利影响。

- 疲劳饥饿时，适当吃些糖可迅速缓解饥饿。
- 头晕心慌时，吃点儿糖或喝些糖水，可以迅速升高血糖，稳定情绪。
- 洗澡或游泳时，需要补充水分和能量，吃些糖可防止虚脱。
- 出汗过多时，或消化功能不佳、腹泻脱水时，喝点糖水有利于及时缓解脱水症状。
- 剧烈运动需要消耗大量能量，在运动前吃点糖，可以快速为身体提供能量。

酸味食物有好处

“酸”是食物“五味”中非常重要的一种。酸味的食物有很多，比如山楂、酸奶、酸梅汤等。

酸味能给人以爽快、刺激的感觉，还能增强食欲，让人胃口大开。不过，有些人却不喜欢吃酸的食物，比如酸的橙子、苹果，吃的时候总是恨不得一下子全吞进去。

其实，当我们吃酸味食物，比如，苹果时，应该做到细嚼慢咽，最好控制在一个苹果吃15分钟以上，这样才能充分吸收其营养，同时，还能让苹果中的有机酸和果酸充分发挥功能，杀死口腔里的细菌，维护口腔健康。

你知道哪些水果含酸较高吗？

除了山楂、苹果、梅子外，还有李子、柠檬、猕猴桃、酸阳桃、葡萄、杏子等。

吃一些酸味食物，可以使人增进食欲，补充更多的营养物质，还能滋润皮肤。但是适量食用酸性食物即可，避免过量食用。

餐桌上的好习惯

健康的生活方式离不开有规律的一日三餐，看似简单和寻常的吃饭，却往往和人们身体健康的很多问题有着千丝万缕的联系。所以，在用餐时养成好的习惯非常重要。

定时就餐

你的一日三餐都是按时吃的吗？其实，人体是有一定生物钟的，所以，哪怕并不是很饿，也必须按时吃饭。如果长期吃饭不规律，很容易引起胃肠疾病。

不要一心二用

很多人喜欢一边吃饭一边看电视或手机，这种做法是不正确的。所谓“一心不可二用”，当电视节目或手机内容分散人的注意力时，往往会忘记夹菜、忘记咀嚼食物，这直接会影响人体对食物的消化。

咳嗽、打喷嚏

在吃饭时，难免会遇到咳嗽或打喷嚏的情况。这时，我们应该用手或纸巾捂住嘴，并把头转向旁边，以免把脏东西喷到饭桌上。

少吃高热量食物

油炸食品、蛋糕甜点等高热量食物，在人身体健康又爱运动的情况下，并不会造成危害。但是，如果吃得过多，或者运动量不够，就会导致体内的油脂和热量不能及时代谢出体外，从而转化成脂肪在体内堆积，引起肥胖。

不要喝碳酸饮料

很多人喜欢一边吃饭一边喝饮料，尤其喜欢喝碳酸饮料。但是你知道吗？碳酸饮料中含有较多的气体，喝下后胃容易出现胀满感，不利于进食，而且碳酸饮料中的二氧化碳会刺激胃黏膜，减少胃酸分泌，导致消化功能减退。

不要冷热交替吃

很多人在吃火锅时，喜欢喝冰镇饮料或吃冰激凌，殊不知这样会刺激胃肠道黏膜，可能诱发黏膜破损、消化功能减弱等情况，严重时甚至会导致消化系统发生痉挛，出现腹痛、呕吐、腹泻等症状。

每天吃一个苹果，疾病远离我

我们常说多吃水果对身体有益，在众多水果中，苹果是我们最为常见的。苹果酸甜可口，营养丰富，老幼皆宜，而且营养价值与医疗价值都非常高，被很多人称为“水果之王”。

苹果中的胶质与微量元素铬，可以保持血糖稳定，还可以有效降低胆固醇。在空气受到污染的环境中，多吃苹果能改善呼吸系统和肺功能，保护肺部免受污染的影响。

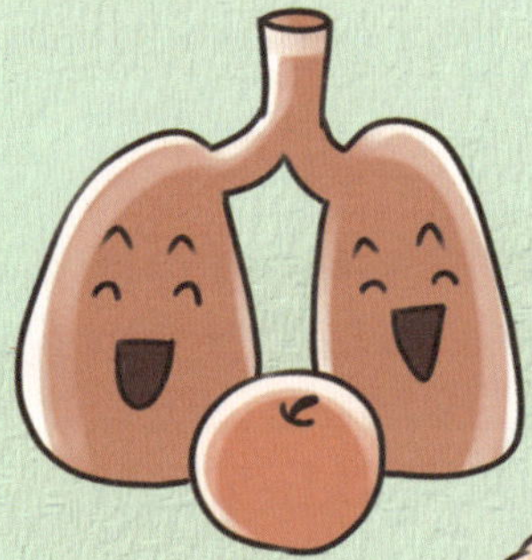

苹果中所含的多酚和类黄酮等天然化学抗氧化物质，可减少人体患肺癌的危险，并可以预防铅中毒。

苹果特有的香味，可缓解因压力过大造成的不良情绪，具有提神醒脑的功效。

苹果中还含有丰富的粗纤维，能促进胃肠蠕动，有助于人体顺利将体内废物排出，减少有害物质对身体的危害。

苹果中含有大量的镁、硫、铁、铜、碘、锰、锌等微量元素，能使皮肤细腻、红润、有光泽。同时，苹果汁还有强大的杀灭传染性病毒的作用，被科学家、医生们称为“全方位的健康水果”“全科医生”。

选购与储存

选购

购买不同品种的苹果，有不同的挑选标准。以红富士苹果为例，应尽量选择颜色红润、条纹密集的。

储存

■ 水缸储存法

先将水缸洗净晾干，放置在阴凉的地方，在缸底放一个盛满净水的、没有盖子的罐头瓶。在早晨低温的时候，将包好的苹果一层层装进缸中，待装满后，用厚塑料膜封闭缸口。用这种方法储存 4～5 个月，苹果的完好率可达到 90% 以上。

苹果的妙用

■ 在一袋柿子里放 1～2 个苹果，然后密封。一个星期后，柿子的涩味就消失了。

■ 把没有熟的香蕉和成熟的苹果放在同一个容器中，然后密封，几天后香蕉就被催熟了。

■ 家中的铝锅使用时间太长，锅内会变黑。将新鲜的苹果皮放入锅内，加水煮沸，再用小火煮 15 分钟，最后用清水冲洗，铝锅会变得光亮如新。

■ 纸箱或木箱贮存法

在清洁的纸箱或木箱底部、四周放上两层纸，将苹果每 5～10 个装进一个小塑料袋内，在早上低温时，将口袋放在箱子中逐层装满，上面先盖 2～3 层软纸，再铺上一层塑料布，之后封盖，置于阴凉处，可储存半年以上不变质。

舌头无法分辨味道了

在我们的舌头表面，分布着很多小的突起，它们被称为“舌乳头”。在它们表面，有很多长得像花蕾的东西，那就是味蕾。

借助味蕾，舌头就可以分辨味道。但是下面这个实验会让你知道：舌头有时候也很难分辨出味道来。

见此图标微信扫码
走去食物科普实验室！

需要的物品

一个苹果

一个梨

一个洋葱

一把水果刀

一个盘子

一条能蒙住眼睛的长布条

现在就来做

1 用水果刀把苹果、梨和洋葱都切成片，然后放在盘子里。

2 用布条蒙上你的眼睛，同时用手指捏住自己的鼻子。

3

让家人随机把苹果片、梨片和洋葱片放到你舌头的中间部位。需要注意的是不能嚼，只用舌头感知味道，然后说出舌头上是什么。

太神奇了！你几乎无法用舌头分辨它们的味道。

这是为什么？

人的舌头上确实有很多味蕾，但舌头的中间部位分布的味蕾要比其他部位少得多。平常我们品尝一种食物的味道时，一般是视觉、气味、口感等结合，现在眼睛被蒙上、鼻子被捏住，视觉和嗅觉都失去了作用，所以舌头的中间部位就难以分辨味道了。

舌头上的味觉分区

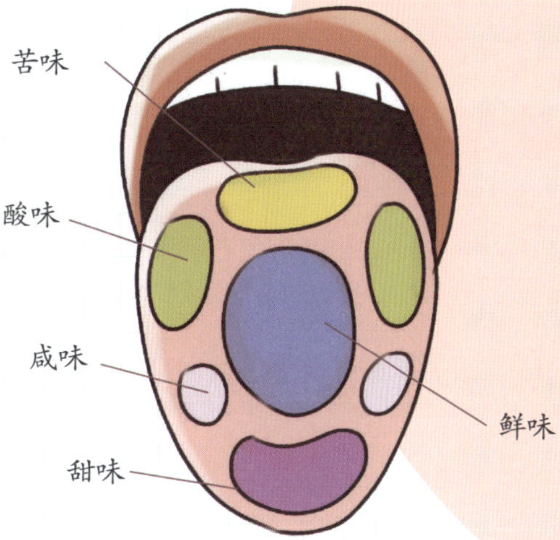

舌头上的味蕾可以感受到各种味道，但不同的区域有不同的敏感度。一般来说，舌尖对甜味比较敏感，舌两侧主要对酸味比较敏感，舌尖两侧对咸味比较敏感，而舌根部则对我们最不喜欢的苦味较敏感。

千奇百怪的动物舌头

■ 变色龙的舌头比它的身体还要长，平时藏在嘴里，见到了飞虫，舌头就会像弹簧一样弹出去，粘住飞虫。

■ 蛇的舌头细长又有分叉，不停地吞进吐出，可以嗅到不同的气味，并根据气味判断猎物位置及可能存在的危险。

■ 企鹅的舌头上长着尖尖的倒刺，能咬住滑溜溜的鱼虾。

■ 长颈鹿有一条长长的蓝黑色舌头，长达四五十厘米，觅食时长颈鹿能用舌头卷住高处的嫩枝、嫩叶，然后舔食。

牛奶变塑料

见此图标![]微信扫码
走 去食物科普实验室!

对于牛奶，你肯定不陌生吧？它是我们日常生活中不可缺少的基础营养饮品。你可能还不知道，牛奶还有一个秘密，那就是它可以用来制作塑料。

你是不是感觉有些不可思议？做完下面的实验，你就知道了。

需要的物品

一盒牛奶

半杯白醋

一个小奶锅

一个搅拌器

现在就来做

1 把牛奶倒入小奶锅，放到燃气灶上加热，直到牛奶温热。（这个步骤需要家长提供帮助）

2 往牛奶中倒入白醋，用搅拌器不断搅拌均匀。

这是为什么？

牛奶里含有一种特殊的物质，叫酪蛋白。当酪蛋白与白醋混合在一起时就会凝结，形成塑料一样的东西，这就是酪蛋白塑料。这种塑料可以用来制作一次性物品，比如，塑料袋、装饰品、纪念品等。酪蛋白塑料在自然环境中会很快降解，不会造成环境污染。

太神奇了！小奶锅中竟然出现了一块白色的、像塑料一样的物质。

世界牛奶日

牛奶的营养十分丰富，是人类“最接近完善的食物”，与人们的生活和身体健康息息相关。2000 年联合国粮农组织倡导，并征得世界 700 多位乳业界人士的意见后，把每年的 6 月 1 日确定为“世界牛奶日”。

世界美食之最

世界上最大的鱼糕

2022年3月23日，在湖北省荆州市江陵县马家寨乡，一块直径为4.28米、面积约为14.4平方米的鱼糕被制作出来，成为世界上迄今为止最大尺寸的鱼糕。为了制作这块鱼糕，共用了1550千克草鱼、2600多枚鸡蛋、40千克猪肥膘肉，以及大量葱、姜、蒜等辅料。

世界上最大的包心鱼丸

2021年6月3日，中国（福州）国际渔业博览会在福州开幕，一颗直径82.5厘米、重278.8千克的巨型鱼丸闪亮登场，成为全场焦点。该鱼丸被认定为世界上最大的包心鱼丸。

世界上最大的月饼

2007年8月21日，在沈阳诞生了一块直径8.15米、厚20厘米、总重约12 980千克的巨型月饼。它包含了广式白莲、苏式玫瑰、京式什锦、台式凤梨、辽式枣泥、哈式青红丝、滇式云腿、潮式绿豆沙等馅料。

世界上浇头品种最多的原汤面

2018年5月18日，苏州19家面馆的大厨汇聚在吴门桥北广场，凭借518种浇头，共同创造了一项全新的世界纪录——世界上浇头品种最多的原汤面。

世界上最大的土豆饼

2021 年 6 月 12 日，在湖北省恩施市举办的恩施土豆文化旅游节上，由 45 位乡亲花了 4 个小时制作出一块巨大的土豆饼，直径达 8.82 米，面积达 68.02 平方米，成功刷新了世界纪录，成为世界上最大的土豆饼。

世界上最大的土烧馍

2021 年 1 月 8 日，青海省尖扎县昂拉乡制作出了世界上最大的土烧馍——昂拉果馍切。“果馍切”是藏语，意思是又圆又大的烧馍。土烧馍是富有浓郁地方特色的传统美食，外酥里嫩，香气扑鼻，是昂拉乡重要的美食之一。

世界上最大的糯米龟

龟在中国传统文化里，是“福、禄、寿、喜、财”的吉祥象征。在福建省泉州市德化县丁墘村，人们制作出了一个高 1.3 米、宽 3 米、长 4.5 米的世界上最大的糯米龟。这个糯米龟用了 500 千克糯米、350 千克糖，还有其他用料，重达 1040 千克。

世界上菜品最多的全蟹宴

2018 年 11 月 10 日，在湖北洪湖市举办的第五届洪湖清水螃蟹节开幕式上，40 名专业厨师和美食爱好者共同制作了 120 道以螃蟹为原材料的菜肴，刷新了“菜品种类最多的全蟹宴”世界纪录。

扫一扫，让科学走出书本，走进生活>>>

扫码玩转

厨房里的小实验

学1000次不如动手做1次

看动画

1分钟学会
1个食物小知识

做实验

10节课带你
探索食物的奥秘

写日记

观察记录蔬菜的生长变化